패턴메이킹
PATTERNMAKING

배주형 · 장효웅 공저

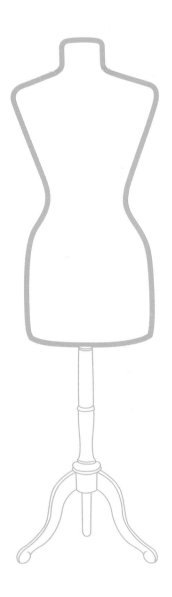

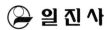 일진사

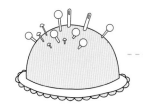

머리말

21세기 패션디자인 산업은 전문화, 정보화, 고도산업화 시대에 큰 발전 가능성을 지닌 분야로 상품의 고부가 가치를 위해 정부도 패션 산업을 전략 산업의 하나로 채택하고 있다.

패션디자인은 소재를 기본으로 디자인, 패턴, 봉제의 요소들이 서로 유기적인 관계를 맺으며 하나의 작품으로 완성되는 종합예술로써 의복 제작은 기획, 디자인 설정, 패턴 제작, 봉제 과정을 거쳐 각각의 과정이 적절히 조화되어야 좋은 옷이 완성될 수 있다. 특히 패턴은 패션디자인을 완성해 주는 중요한 과정으로 패션 산업 현장에서 패턴을 이해하지 못하고는 패션디자인이 제 기능을 하기 어려울 정도로 중요한 부분을 차지하고 있다.

이 책은 저자들이 다년간 의류 업체 현장에서 익힌 노하우와 대학 강단에서 의복 구성 분야의 강의를 담당하면서 느꼈던 경험을 바탕으로 기존의 학문적인 접근 방법에서 벗어나 패션 현장에서 바로 적용할 수 있는 보다 실제적이고 실용적인 패턴메이킹에 관한 내용을 다룸으로써 패션디자인 산업에 종사하는 전문인들뿐만 아니라 의복 제작에 관심이 있는 일반인들에게 보다 효과적으로 의복을 제작할 수 있도록 하였다.

의복 제작을 위한 기본적인 내용인 인체 계측, 상의 원형, 소매 원형, 칼라, 스커트, 바지 패턴 제도법을 자세히 설명함으로써 보다 편리하고 빠르게 패턴을 제작할 수 있도록 내용을 구성하였다.

이 책이 패션 산업 현장에 종사하고 있는 분들이나 대학에서 패션디자인을 공부하고 있는 학생들이나 의복 제작에 관심이 있는 일반인들에게 보다 실용적인 의복 구성에 대한 지침서로써 조금이나마 도움이 되기를 바라며, 앞으로 부족한 부분은 계속 수정·보완해 나갈 것이다.

끝으로 이 책을 좋은 책으로 완성시켜 주신 도서출판 **일진사** 직원 여러분들에게 진심으로 감사드린다.

저자 일동

차 례 --

Chapter 5

소매(Sleeve)

Chapter 6

칼라(Collar)

패턴메이킹

CHAPTER 01

인체 계측

기능적이고 입기 편하며 아름다운 실루엣의 의복을 제작하는 데에는 우선 정확한 채촌을 하는 일이 중요하다.

■ 측정 준비
① 정확한 기준점과 기준선을 표시한다.
② 겉옷의 용도에 따라 속옷을 갖추어 입는다.
③ 허리에 얇은 웨이스트 벨트를 둘러 허리선의 위치를 표시한다.
④ 측정 자세 : 척추와 무릎을 곧게 한 정상 자세로 발은 좌우 발꿈치를 붙이고 발끝을 30° 정도 벌린다.

■ 측정 용구
줄자, 웨이스트 벨트, 필기 도구, 용지

1-1   기준점

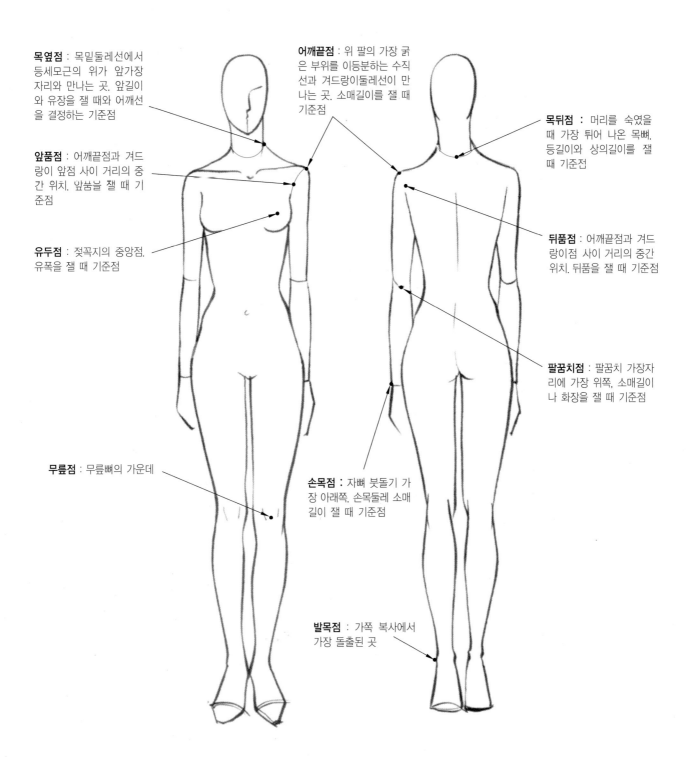

목옆점 : 목밑둘레선에서 등세모근의 위가 앞가장 자리와 만나는 곳. 앞길이 와 유장을 잴 때와 어깨선 을 결정하는 기준점

앞품점 : 어깨끝점과 겨드 랑이 앞점 사이 거리의 중 간 위치. 앞품늘 잴 때 기 준점

유두점 : 젖꼭지의 중앙점. 유폭을 잴 때 기준점

어깨끝점 : 위 팔의 가장 굵 은 부위를 이등분하는 수직 선과 겨드랑이둘레선이 만 나는 곳. 소매길이를 잴 때 기준점

목뒤점 : 머리를 숙였을 때 가장 튀어 나온 목뼈. 등길이와 상의길이를 잴 때 기준전

뒤품점 : 어깨끝점과 겨드 랑이점 사이 거리의 중간 위치. 뒤품을 잴 때 기준점

팔꿈치점 : 팔꿈치 가장자 리에 가장 위쪽, 소매길이 나 화장을 잴 때 기준점

무릎점 : 무릎뼈의 가운데

손목점 : 자뼈 붓돌기 가 장 아래쪽. 손목둘레 소매 길이 잴 때 기준점

발목점 : 가쪽 복사에서 가장 돌출된 곳

그림 1   **기준점**

1-2 기준선

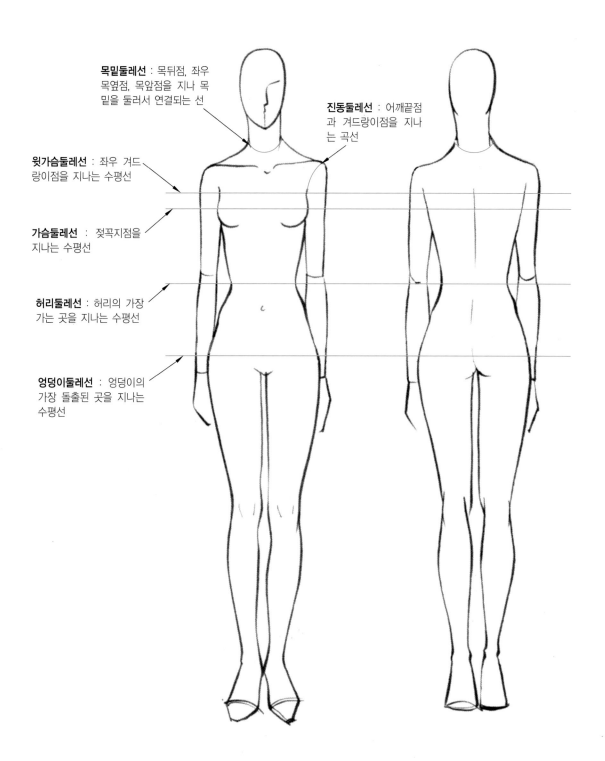

목밑둘레선 : 목뒤점, 좌우 목옆점, 목앞점을 지나 목 밑을 둘러서 연결되는 선

진동둘레선 : 어깨끝점 과 겨드랑이점을 지나 는 곡선

윗가슴둘레선 : 좌우 겨드 랑이점을 지나는 수평선

가슴둘레선 : 젖꼭지점을 지나는 수평선

허리둘레선 : 허리의 가장 가는 곳을 지나는 수평선

엉덩이둘레선 : 엉덩이의 가장 돌출된 곳을 지나는 수평선

그림 2 **기준선**

1-3 측정 항목과 측정 방법

측정할 때에는 측정 도구, 피측정자의 상태, 측정 방법 등이 일정한 약속 하에서 행해져야 한다.

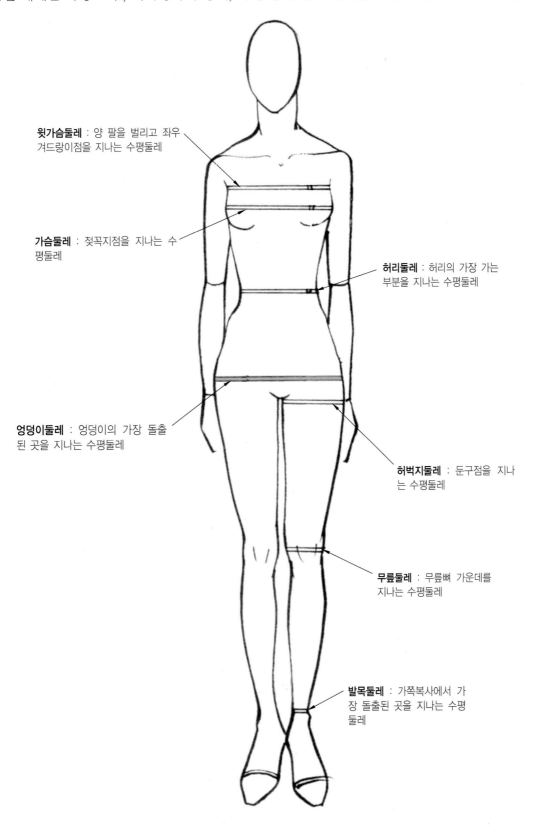

윗가슴둘레 : 양 팔을 벌리고 좌우 겨드랑이점을 지나는 수평둘레

가슴둘레 : 젖꼭지점을 지나는 수평둘레

허리둘레 : 허리의 가장 가는 부분을 지나는 수평둘레

엉덩이둘레 : 엉덩이의 가장 돌출된 곳을 지나는 수평둘레

허벅지둘레 : 둔구점을 지나는 수평둘레

무릎둘레 : 무릎뼈 가운데를 지나는 수평둘레

발목둘레 : 가쪽복사에서 가장 돌출된 곳을 지나는 수평둘레

그림 3 측정 위치 및 측정방법 (둘레 항목 I)

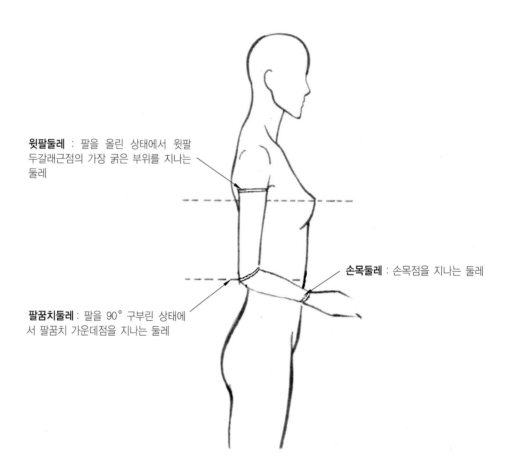

윗팔둘레 : 팔을 올린 상태에서 윗팔
두갈래근점의 가장 굵은 부위를 지나는
둘레

손목둘레 : 손목점을 지나는 둘레

팔꿈치둘레 : 팔을 90° 구부린 상태에
서 팔꿈치 가운데점을 지나는 둘레

그림 4 측정 위치 및 측정 방법 (둘레 항목 II)

유장 : 목옆점에서 젖꼭지점까
지의 길이

앞길이 : 목옆점에서 젖꼭지점
을지나 허리둘레선 까지의 길이

뒷길이 : 목옆점에서 허리
둘레선까지의 길이

등길이 : 목뒤점에서 뒤정
중앙선을 따라 허리둘레선
까지의 길이

총길이 : 목뒤점에서 뒤정중
앙선을 따라 허리둘레선을
지나 바닥 까지의 길이

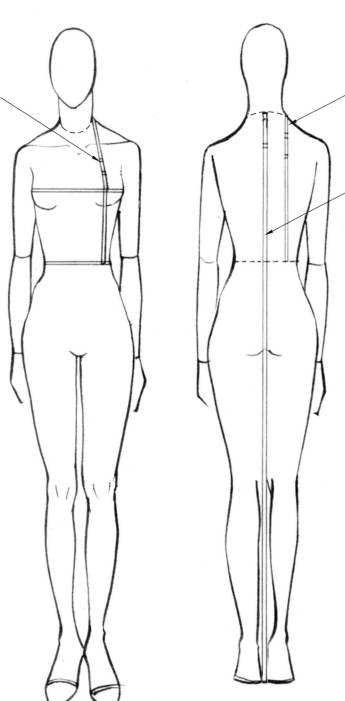

그림 5 **측정 위치 및 측정 방법 (길이 항목 I)**

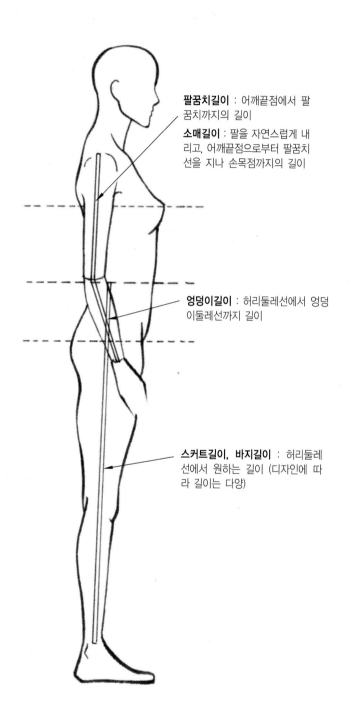

팔꿈치길이 : 어깨끝점에서 팔꿈치까지의 길이

소매길이 : 팔을 자연스럽게 내리고, 어깨끝점으로부터 팔꿈치선을 지나 손목점까지의 길이

엉덩이길이 : 허리둘레선에서 엉덩이둘레선까지 길이

스커트길이, 바지길이 : 허리둘레선에서 원하는 길이 (디자인에 따라 길이는 다양)

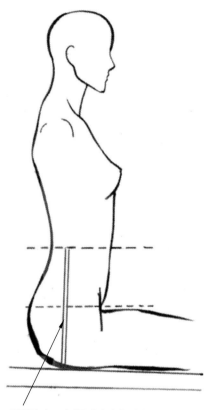

밑위길이 : 허리둘레선에서 의자바닥까지의 거리

그림 6   **측정 위치 및 측정 방법 (길이 항목 II)**

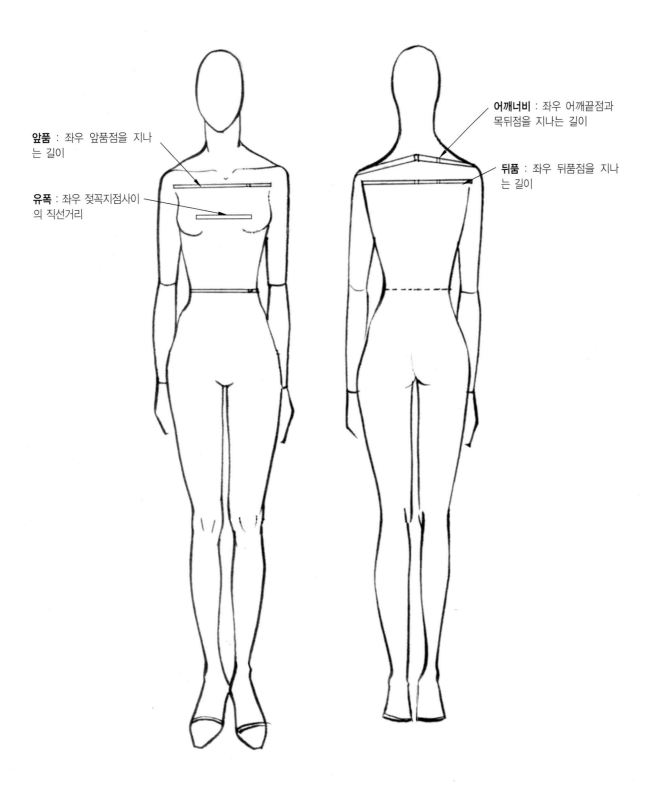

앞품 : 좌우 앞품점을 지나
는 길이

유폭 : 좌우 젖꼭지점사이
의 직선거리

어깨너비 : 좌우 어깨끝점과
목뒤점을 지나는 길이

뒤품 : 좌우 뒤품점을 지나
는 길이

그림 7 **측정 위치 및 측정 방법 (너비 항목)**

1-4　인체 계측 기록표

　인체 계측할 때마다 조금씩 치수 차가 생기므로 2~3회 정도 계측해 평균값으로 제도하는 것이 인체에 더 잘 맞는 옷을 만들 수 있다.

　같은 기준점에서 시작하는 항목들은 같이 재는 것이 더 정확하고 신속하다. 유장-앞길이, 등길이-상의길이, 팔꿈치길이-소매 길이, 엉덩이길이-바지길이 (스커트 길이)

측정 일자												
피측정자				측정자								

측 정 항 목 (단위 : cm)

항 목		55 사이즈	측정치				항 목		55 사이즈	측정치			
			1차	2차	3차	최종				1차	2차	3차	최종
앞	윗가슴둘레 (Br)	81					옆	팔꿈치길이					
	가슴둘레 (B)	84						소매길이 (니)	56				
	허리둘레 (W)	64						위팔둘레					
	엉덩이둘레 (H)	92						팔꿈치둘레					
	유장 (BPL)	24						손목둘레	15				
	앞길이 (FL)	41						엉덩이길(HL)	18				
	유폭 (BPW)	18						스커트길(Sk.L)					
	앞품 (Fw)	33						바지길이	98				
뒤	어깨너비 (Sw)	38						밑위길이(Cr.L)	24				
	뒤품 (Bw)	35											
	등길이 (BL)	38											
	상의길이												

1-5 알기 쉬운 KS 의류 치수 규격

2004년 산업자원부 기술표준원에서 제시한 「알기 쉬운 KS 의류 치수 규격」 중 성인 여성 정장 상의, 일반 상의 I, 일반 상의 II, 정장 하의, 일반 하의, 기타 하의, 상하 연결의이다.

(1) 여성 정장 상의

(단위 : cm)

호 칭	기본 신체치수			참고 신체치수			
	가슴둘레	엉덩이둘레	키	허리둘레	등길이	어깨사이길이	팔길이
82-88 150	82	88	150	69.5	37.4	37.6	50.4
79-85-155	79	85	155	66.1	37.2	38.1	51.5
82-88-155	82	88	155	67.8	37.5	38.7	51.5
82-91-155	82	91	155	68.1	37.3	38.9	51.6
85-88-155	85	88	155	70.5	38	39.3	51.6
85-91-155	85	91	155	70.9	37.6	39.4	51.9
88-91-155	88	91	155	73.3	38.6	38.6	52.3
88-94-155	88	97	155	74.5	38	39.8	52.2
79-85-160	79	85	160	64.6	37.7	39.2	53
79-88-160	79	88	160	64.7	37.8	39	52.6
82-88-160	82	88	160	67	38.4	39.8	53.6
82-91-160	82	91	160	68	38	38.7	53.7
85-91-160	85	91	160	70	38.5	39.5	53.2
88-94-160	88	94	160	72.6	38.4	39.7	54.1
91-94-160	91	94	160	76.9	38.5	40.5	53.6
91-97-160	91	97	160	80.3	39	40.5	53.7
82-88-165	82	88	165	66.9	39.3	39.4	54.9
82-91-165	82	91	165	68.6	38.9	40.4	54.8
85-91-165	85	91	165	68.1	38.9	40.7	54.5
88-94-165	88	94	165	72.2	39.7	41	54.8

• 빨간색으로 표시된 치수 호칭은 사용자 분포율이 1.5% 이상인 구간임. 색깔이 진할수록 사용자 분포율이 높음
• 기본 신체치수 가슴둘레, 엉덩이둘레는 ±1.5 cm, 키는 ±2.5cm 범위를 커버함
• 기본 신체치수 가슴둘레, 엉덩이둘레는 3cm, 키는 5cm 간격으로 연속함

(2) 일반 상의 I

호칭 및 신체치수

(단위 : cm)

호 칭	기본 신체치수		참고 신체치수					
	가슴둘레	키	허리둘레	엉덩이둘레	어깨사이길이	등길이	목옆젖꼭지허리둘레선길이	팔길이
85-150	85	150	72.6	89.3	38.7	37.1	39.1	50.4
90-150	90	150	77.6	91.9	38.6	37.6	40.7	50.7
80-155	80	155	66.8	88.5	38.7	37.1	39.1	51.4
85-155	85	155	71.3	90.9	39.2	37.9	39.9	52.1
90-155	90	155	76.5	92.9	39.6	38	40.4	52.3
95-155	95	155	82.5	95.3	40.4	93.3	41.9	52.7
80-160	80	160	66.2	89.8	39.6	38	39.5	53.1
85-160	85	160	70.6	91.8	39.7	38.3	40.2	53.5
90-160	90	160	75.9	94.4	40.1	39	41.2	53.9
95-160	95	160	81.4	95.8	40.5	39.5	41.9	54.4
80-165	80	165	66.3	90.9	39.9	38.9	40.1	54.7
85-165	85	165	69.7	93.1	40.4	39.4	40.9	55
90-165	90	165	74.5	95.6	41	39.8	41.4	55

- 빨간색으로 표시된 치수 호칭은 사용자 분포율이 9% 이상인 구간임, 색깔이 진할수록 사용자 분포율이 높음
- 기본 신체치수 가슴둘레, 키는 5cm 간격으로 연속 / 가슴둘레, 키는 ±2.5cm 범위를 커버함

범위 표시 신체치수 분류

(단위 : cm)

호 칭	기본 신체치수		참고 신체치수	
	가슴둘레	키	허리둘레	엉덩이둘레
S(P)		145 ~ 155	65.3	86.3
S(R) 또는 S	72 ~ 82	155 ~ 165	64.8	88.7
S(T)		165 ~ 175	64.9	90.6
M(P)		145 ~ 155	72.6	90
M(R) 또는 M	82 ~ 89	155 ~ 165	71	92
M(T)		165 ~ 175	70.3	94.4
L(P)		145 ~ 155	80.8	92.9
L(R) 또는 L	89 ~ 98	155 ~ 165	79.5	95.7
L(T)		165 ~ 175	77.2	97.8
XL(P)		145 ~ 155	91.8	98.5
XL(R) 또는 XL	98 ~ 109	155 ~ 165	90.6	99.6
XL(T)		165 ~ 175	92	102.7

- 빨간색으로 표시된 치수 호칭은 사용자 분포율이 10% 이상인 구간임

S : 체격이 작은 small의 의미 P : 키가 작은 petite의 의미 (155cm 미만)
M : 체격이 보통인 medium의 의미 R : 키가 보통인 regular의 의미 (155cm 이상 165cm 미만)
L : 체격이 큰 large의 의미 T : 키가 큰 tall의 의미 (165cm 이상)
XL : 체격이 가장 큰 extra large의 의미

(3) 일반 상의 II

호칭 및 신체치수

(단위 : cm)

호 칭	기본 신체치수	참고 신체치수						
	가슴둘레	허리둘레	엉덩이둘레	어깨사이길이	등길이	목옆젖꼭지허리둘레선길이	팔길이	키
75	75	64	88.3	38.7	37.9	39.1	52.8	159.6
80	80	66.5	89.5	39.2	37.8	39.4	52.7	158.7
85	85	70.9	91.5	39.6	38.3	40.1	53	158.3
90	90	76.2	93.7	39.9	38.6	40.9	53.1	157.5
95	95	81.9	95.4	40.3	39.3	42	53.3	157.1
100	100	87.1	97	40.9	39.6	42.7	53.6	156.8
105	105	89.3	95.8	40.4	39.8	43.7	53.4	156.1

- 빨간색으로 표시된 치수 호칭은 사용자 분포율이 10% 이상인 구간임
- 기본 신체치수 가슴둘레는 5cm 간격으로 연속 / 가슴둘레는 ± 2.5cm 범위를 커버함

범위 표시 신체치수 분류

(단위 : cm)

호 칭	기본신체치수	참고신체치수		
	가슴둘레	키	허리둘레	엉덩이둘레
S	72 ~ 82	158.7	64.9	88.3
M	82 ~ 89	158.3	71.4	91.7
L	89 ~ 98	157	79.8	94.9
XL	98 ~ 109	156.8	91.2	99.4

S : 체격이 작은 small의 의미
M : 체격이 보통인 medium의 의미
L : 체격이 큰 large의 의미
XL : 체격이 가장 큰 extra large의 의미

(4) 정장 하의

18 ～ 29 세

(단위 : cm)

호 칭	기본 신체치수		참고 신체치수		
	허리둘레	엉덩이둘레	키	다리가쪽길이	샅앞뒤길이
64–85	64	85	157.1	98.8	68.6
67–85	67	85	156.8	97.5	69.9
67–88	67	88	158.2	99.3	70.1
70–85	70	85	156.6	97.4	67.1
70–88	70	88	157.9	99	71.6
70–91	70	91	160.4	101	73.7
73–88	73	88	154.4	96.1	73.4
73–91	73	91	156.6	97.9	72.2
73–94	73	94	160.6	100.8	72.8
76–91	76	91	159.1	99.4	70.5
76–94	76	94	159.8	101.7	74.4
76–97	76	97	159	100	71.4
79–94	79	94	159	100	75.3
79–97	79	97	157.3	98	75.4
82–97	82	97	157.3	99.1	75.1
82–100	82	100	160.3	99.9	75.1

30 대

(단위 : cm)

호 칭	기본 신체치수		참고 신체치수		
	허리둘레	엉덩이둘레	키	다리가쪽길이	샅앞뒤길이
64–85	64	85	157.1	98.8	70.8
67–85	67	85	155.8	98.4	69.7
67–88	67	88	157.7	98.8	71.5
70–85	70	85	154.7	96.6	69.8
70–88	70	88	156.2	97	70
70–91	70	91	159.7	100	73.1
73–88	73	88	157	98	71.4
73–91	73	91	157.4	98.2	72.4
73–94	73	94	158.5	99.1	74.6
76–91	76	91	157.2	98.6	74
76–94	76	94	158.8	99.2	74.4
76–97	76	97	156.9	97.9	75.1
79–94	79	94	158.1	98.4	74.5
79–97	79	97	158.5	98.8	75.7
82–97	82	97	156.3	97.9	76.9
82–100	82	100	160.1	100.2	76.1

• 빨간색으로 표시된 치수 호칭은 사용자 분포율이 3% 이상인 구간임
• 기본 신체치수 허리둘레, 엉덩이둘레는 3cm 간격으로 연속 / 가슴둘레는 ±1.5cm 범위를 커버함

40 대

(단위 : cm)

호 칭	기본 신체치수		참고 신체치수		
	허리둘레	엉덩이둘레	키	다리가쪽길이	샅앞뒤길이
64–85	64	85	153.6	96.9	68.8
67–85	67	85	155.4	97.9	69.3
67–88	67	88	154.4	95.5	69
70–85	70	85	153.9	95.3	70.1
70–88	70	88	155.3	96.5	72.9
70–91	70	91	158.3	98.9	74.6
73–88	73	88	153.8	96.9	72.5
73–91	73	91	157	98	73.2
73–94	73	94	156	98.1	75.6
76–91	76	91	156.7	98	73.8
76–94	76	94	157.5	99	75.4
76–97	76	97	158.7	99	77.7
79–94	79	94	158.3	99.5	76.7
79–97	79	97	157.6	98.2	75.9
82–97	82	97	155.5	97.3	77.2
82–100	82	100	159.2	99.5	78.2

50 대

(단위 : cm)

호 칭	기본 신체치수		참고 신체치수		
	허리둘레	엉덩이둘레	키	다리가쪽길이	샅앞뒤길이
64–85	64	85	–	–	–
67–85	67	85	153.4	95.5	66.5
67–88	67	88	154.2	97.8	68.2
70–85	70	85	151.9	94.8	68.5
70–88	70	88	154.7	96.4	70.9
70–91	70	91	155.6	97.8	72.1
73–88	73	88	156.2	98.4	69.9
73–91	73	91	156.1	97.5	74.3
73–94	73	94	157.6	98.7	75.3
76–91	76	91	149.2	92	69.3
76–94	76	94	155	97.7	74.6
76–97	76	97	158.7	95.2	70.5
79–94	79	94	154.2	96.2	73.8
79–97	79	97	156.6	97.8	74.1
82–97	82	97	156.5	97.5	75.2
82–100	82	100	155.4	96.4	73.9

- 빨간색으로 표시된 치수 호칭은 사용자 분포율이 3% 이상인 구간임
- 기본 신체치수 허리둘레, 엉덩이둘레는 3cm 간격으로 연속 / 가슴둘레는 ±1.5cm 범위를 커버함

전체

(단위 : cm)

호 칭	기본 신체치수		참고 신체치수		
	허리둘레	엉덩이둘레	키	다리가쪽길이	샅앞뒤길이
64–85	64	85	156.7	98.6	69.6
67–85	67	85	156	97.8	69.5
67–88	67	88	157.5	98.8	70.5
70–85	70	85	154.5	96.2	69.3
70–88	70	88	156.5	97.5	71.1
70–91	70	91	159.7	100.3	73.6
73–88	73	88	155.7	97.5	71.7
73–91	73	91	157	98	72.7
73–94	73	94	158.5	99.4	74.2
76–91	76	91	157	98.2	73
76–94	76	94	158.1	99.5	74.8
76–97	76	97	157.7	98.7	75.1
79–94	79	94	157.5	98.5	75.1
79–97	79	97	157.6	98.3	75.3
82–97	82	97	156.2	97.8	76.4
82–100	82	100	159.2	99.4	76.4

• 빨간색으로 표시된 치수 호칭은 사용자 분포율이 3% 이상인 구간임
• 기본 신체치수 허리둘레, 엉덩이둘레는 3cm 간격으로 연속 / 가슴둘레는 ±1.5cm 범위를 커버함

(5) 일반 하의

호칭 및 신체치수

(단위 : cm)

호 칭	기본 신체치수	참고 신체치수			
	허리둘레	엉덩이둘레	키	다리가쪽길이	샅앞뒤길이
60	60	87.7	159.4	100.3	70.5
65	65	89.3	159.3	100.3	71.6
70	70	91.2	158.5	99.4	73
75	75	93.2	157.8	98.8	73.7
80	80	94.3	156.7	97.7	74.5
95	85	95.6	156.5	97.2	74.6
90	90	97	155.7	96.4	75.4
95	95	96.8	156.5	96.6	74.7

- 빨간색으로 표시된 치수 호칭은 사용자 분포율이 10% 이상인 구간임
- 기본 신체치수 허리둘레는 5cm 간격으로 연속 / 허리둘레는 ±2.5cm 범위를 커버함

범위 표시 신체치수 분류

(단위 : cm)

호 칭	기본 신체치수	참고 신체치수	
	허리둘레	키	엉덩이둘레
S	58~69	150.9	88.7
M	69~77	158.3	92.4
L	77~88	156.5	95
XL	88~101	155.6	99.6

S : 체격이 작은 small의 의미
M : 체격이 보통인 medium의 의미
L : 체격이 큰 large의 의미
XL : 체격이 가장 큰 extra large의 의미

(6) 기타 하의

호칭 및 신체치수

(단위 : cm)

호 칭	기본 신체치수	참고 신체치수			
	엉덩이둘레	허리둘레	키	다리가쪽길이	샅앞뒤길이
85	85	66.8	156.6	98.1	69.8
90	90	70.4	157.9	98.9	72.2
95	95	75.2	158.6	99.5	74.5
100	100	79.6	159.5	99.8	76.5
105	105	83.4	160.5	100.2	77.5

- 빨간색으로 표시된 치수 호칭은 사용자 분포율이 10% 이상인 구간임
- 기본 신체치수 엉덩이둘레는 5cm 간격으로 연속 / 엉덩이둘레는 ±2.5cm 범위를 커버함

범위 표시 신체치수 분류

(단위 : cm)

호 칭	기본 신체치수	참고 신체치수	
	허리둘레	키	엉덩이둘레
S	80 ~ 88	156.3	66.8
M	88 ~ 95	158.4	71.6
L	95 ~ 102	159	77.5
XL	102 ~ 110	159.6	85.4

S : 체격이 작은 small의 의미
M : 체격이 보통인 medium의 의미
L : 체격이 큰 large의 의미
XL : 체격이 가장 큰 extra large의 의미

(7) 상하 연결의

호칭 및 신체치수

(단위 : cm)

호 칭	기본 신체치수		참고 신체치수						
	가슴둘레	키	허리둘레	엉덩이둘레	어깨사이길이	등길이	목옆젖꼭지허리둘레선길이	팔길이
85–150	85	150	72.6	89.3	38.7	37.1	39.1	50.4
90–150	90	150	77.6	91.9	38.6	37.6	40.7	50.7
80–155	80	155	66.8	88.5	38.7	37.1	39.1	51.4
85–155	85	155	71.3	90.9	39.2	37.9	39.9	52.1
90–155	90	155	76.5	92.9	39.6	38	40.4	52.3
95–155	95	155	82.5	95.3	40.4	93.3	41.9	52.7
80–160	80	160	66.2	89.8	39.6	38	39.5	53.1
85–160	85	160	70.6	91.8	39.7	38.3	40.2	53.5
90–160	90	160	75.9	94.4	40.1	39	41.2	53.9
95–160	95	160	81.4	95.8	40.5	39.5	41.9	54.4
80–165	80	165	66.3	90.9	39.9	38.9	40.1	54.7
85–165	85	165	69.7	93.1	40.4	39.4	40.9	55
90–165	90	165	74.5	95.6	41	39.8	41.4	55

- 빨간색으로 표시된 치수 호칭은 사용자 분포율이 9% 이상인 구간임. 색깔이 진할수록 사용자 분포율이 높음.
- 기본 신체치수 가슴둘레, 키는 5cm 간격으로 연속 / 가슴둘레, 키는 ±2.5cm 범위를 커버함

범위 표시 신체치수 분류

(단위 : cm)

호 칭	기본 신체치수			참고 신체치수	
	가슴둘레	엉덩이둘레	키	허리둘레	몸통세로둘레
S(P)			145 ~ 155	69.4	146.8
S(R) 또는 S	72 ~ 82	80 ~ 88	155 ~ 165	63.5	144.4
S(T)			165 ~ 175	63.6	148
M(P)			145 ~ 155	72.8	147.3
M(R) 또는 M	82 ~ 89	88 ~ 95	155 ~ 165	70.7	150.1
M(T)			165 ~ 175	68.7	152.8
L(P)			145 ~ 155	81.5	152
L(R) 또는 L	89 ~ 98	95 ~ 102	155 ~ 165	79.6	154.5
L(T)			165 ~ 175	77.1	156.7
XL(P)			145 ~ 155	94.4	158
XL(R) 또는 XL	98 ~ 109	102 ~ 110	155 ~ 165	92.7	162.3
XL(T)			165 ~ 175	94.2	164.8

- 빨간색으로 표시된 치수 호칭은 사용자 분포율이 10% 이상인 구간임

S : 체격이 작은 small의 의미　　　　　P : 키가 작은 petite의 의미 (155cm 미만)
M : 체격이 보통인 medium의 의미　　　R : 키가 보통인 regular의 의미 (155cm 이상 165cm 미만)
L : 체격이 큰 large의 의미　　　　　　T : 키가 큰 tall의 의미 (165cm 이상)
XL : 체격이 가장 큰 extra large의 의미

제도·재단·봉제 용구

2-1   제도 용구

	직각자 (L-square)	90° 각을 가진 자로 직각선을 그을 때 사용한다. 한 변이 35cm, 60cm로 되어 있는 직각자로 앞면에는 실제치수, 뒷면에는 축소된 치수가 표시되어 있다.
	방안자 / 그레이딩자 (grading ruller)	길이 50~60cm, 폭 5cm의 플라스틱자로 0.5cm 간격의 방안 눈금으로 되어 있는 투명한 경질의 비닐자로 일정한 넓이의 시접선을 그을 때 용이하며, 유연성이 있어 곡선계측 시 구부려 사용할 수 있어 편리하다.
	곡자 (curve measure)	나무나 금속 또는 플라스틱으로 되어 있으며, 자의 한쪽 끝이 곡을 이루고 있다. 스커트나 슬랙스의 허리선, 옆선, 다트, 칼라 등 기타 곡선을 그리는데 사용된다.
	프렌치 커브자 / S- 모드자	진동둘레나 목둘레선을 그리는데 사용한다.
	줄자 (tape measure)	길이가 1.5~2m로 천이나 비닐 등으로 만들어져 있으며, 인체 계측이나 곡선을 재는데 주로 사용한다.

	축도자 (scale)	축도 제도할 때 사용하는 자로, 한쪽은 1/4, 다른 한쪽은 1/5 의 눈금이 있는 각자와 커브자를 겸한 삼각자 모양이다.
	종이가위	종이를 자를 때 사용한다.
	노처 (notcher)	패턴에 너치 표시나 시접을 넣을 때 사용한다.
	연필	필기용으로는 HB, 2H, H 연필을, 제도할 때는 2B, 4B 와 같이 심이 무른 것을 사용한다.
	룰렛 (roulette)	패턴을 다른 종이에 옮기거나 안감에 표시할 때 사용하는 도구로 톱니바퀴가 정확하게 돌고 중심이 헐겁지 않은 것이 좋다.
	제도지 (pattern making paper)	원형을 제도하기 위한 용지로 찢어지기 쉬운 것이나 너무 두꺼운 것은 피하는 것이 좋다.

2-2 제단 용구

	재단가위 (scissor)	옷감을 재단할 때 사용하는 경우에는 30 cm 정도의 것이 좋으며, 봉제용을 겸하는 것은 24 cm, 26 cm, 28 cm 정도의 길이가 적당하다. 제도용 가위와 구별해 사용하는 것이 좋다.
	초크 (chalk)	옷감 위에 패턴을 놓고 그릴 때 사용하는 것으로 흰색, 빨강, 노란색이 있다. 초크는 표시 후에 손으로 털면 없어지는 부드러운 것을 선택한다. 분필 성분과 열을 가하면 지워지는 파라핀 성분의 초초크도 있다.
	초크 페이퍼 (chalk paper)	맞춤표시나 본뜨기 할 때 사용한다. 패턴과 옷감 사이에 초크 페이퍼를 끼워 룰렛을 이용해 표시한다. 두 장을 함께 표시할 수 있으므로 작업을 빨리할 수 있다.
	초크 펜슬 (chalk pencil)	심이 초크로 된 연필로 한쪽에는 지우기 위한 브러시가 달려 있다. 가늘게 표시할 때 편리하다.
	문진 (ewight)	재단 시 옷감이나 패턴이 움직이지 않도록 한다.
	재단주걱 (spatular)	목면류에 선 표시를 할 때 사용하며, 옷감이 상하지 않게 날이 매끄러운 것을 사용한다. 뿔칼(tracing knife) 이라고도 한다.

2-3 봉제 용구

	미싱 바늘	가정용, 공업용, 특수용으로 분류하며 번호가 커질수록 굵어진다. 일반적으로 9, 11, 14번을 많이 사용하고 있다.
	손바늘	1~12번까지 있고, 번호가 작을수록 굵다. 8~12번은 얇은 옷감용이고, 보통 사용되는 것은 6~9번이다.
	시침핀 (pin)	종이나 옷감이 움직이지 않도록 고정시킬 때 또는 가봉을 보정할 때 등에 사용한다.
	핀 쿠션 (pin cushion)	바늘곳이라고도 한다. 핀이나 바늘을 꽂아 보관하면 보다 용이하게 사용할 수 있다.
	실 (yarn)	옷감과 같은 질의 것을 택하며, 색은 옷감보다는 약간 짙은 것을 선택하는 것이 좋다.
	골무	금속이나 가죽으로 되어 있으며, 손바느질할 때에는 빼놓을 수 없는 용구이다.
	쪽가위	11 cm 크기의 작은 가위로 봉제 시 실을 끊을 때나 실표 뜨기용으로 사용한다.

	핑킹가위 (pinking shears)	톱니형으로 되어 있으며, 올의 끝이 잘 풀리지 않는 옷감의 시접 처리나 장식용으로 쓸 경우에 사용한다.
	솔기 뜯는 칼 (seam ripper)	칼 끝을 박은 땀 사이에 넣어서 실을 끊을 때 사용하거나 박은 솔기를 뜯을 때 사용한다.
	송곳 (awl)	다트의 끝이나 포켓의 위치를 표시할 때, 칼라 끝이나 바느질선의 모난 곳을 처리할 때 사용한다.
	자석	바늘이나 핀을 정리할 때 사용하면 편리하다.
	북	봉제 시 밑실을 구성하는 것으로 북집에 실을 감아 사용하며 가정용과 공업용으로 나눠진다.
	북집	실을 감은 북을 북집에 끼워 재봉틀에 꽂아 사용하며 가정용과 공업용으로 나눠진다.

제도에 사용되는 명칭, 약자 및 부호

3-1 상의 원형

(1) 상의 원형의 각 부분의 명칭

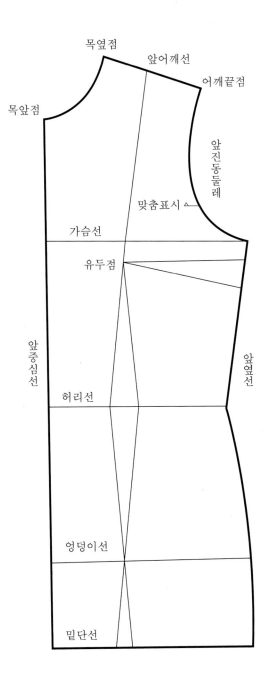
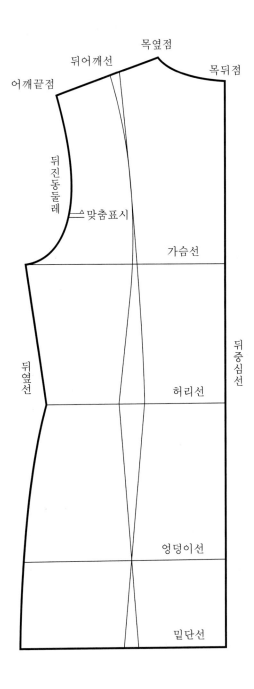

(2) 상의 원형 제도에 필요한 약자

약 자	영 어	설 명
B	Bust Circumference	가슴둘레
W	Waist Circumference	허리둘레
H	Hip Circumference	엉덩이둘레
B.L	Bust Line	가슴선
W.L	Waist Line	허리선
H.L	Hip Line	엉덩이선
B.P	Bust Point	젖꼭지점
B.P.L	Bust Point Line	젖꼭지점을 지나는 선
S.P	Shoulder Point	어깨끝점
S.L	Shoulder Line	어깨선
S.S	Side Seam	옆선
C.L	Center Line	중심선
A.H	Arm Hole	진동둘레선
S.N.P	Side Neck Point	목옆점
F.N.P	Front Neck Point	목앞점
B.N.P	Back Neck Point	목뒤점
C.B.L	Center Back Line	뒤중심선
C.F.L	Center Front Line	앞중심선
Hm.L	Hem Line	밑단선
Fn	Front notch	앞진동 맞춤표시
Bn	Back notch	뒤진동 맞춤표시
M.P	Manipulation	원형종이만 접는다는 뜻

3-2 **소매 원형**

(1) 소매 원형의 각 부분의 명칭

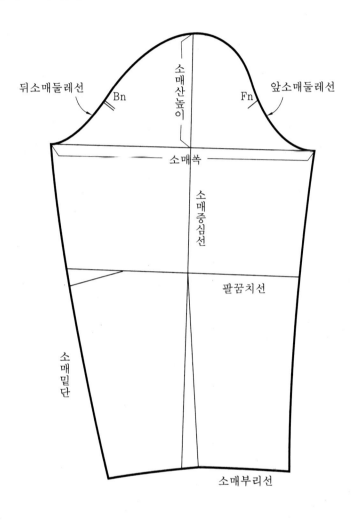

(2) 소매 원형 제도에 필요한 약자

약 자	영 어	설 명
A.H	Arm Hole	진동둘레선
F.A.H	Front Arm Hole	앞진동둘레선
B.A.H	Back Arm Hole	뒤진동둘레선
E.L	Elbow Line	팔꿈치선
Hw	Hand wrist	소맷부리
Fn	Front notch	앞진동 맞춤표시
Bn	Back notch	뒤진동 맞춤표시

3-3 스커트 원형

(1) 스커트 원형의 각 부분의 명칭

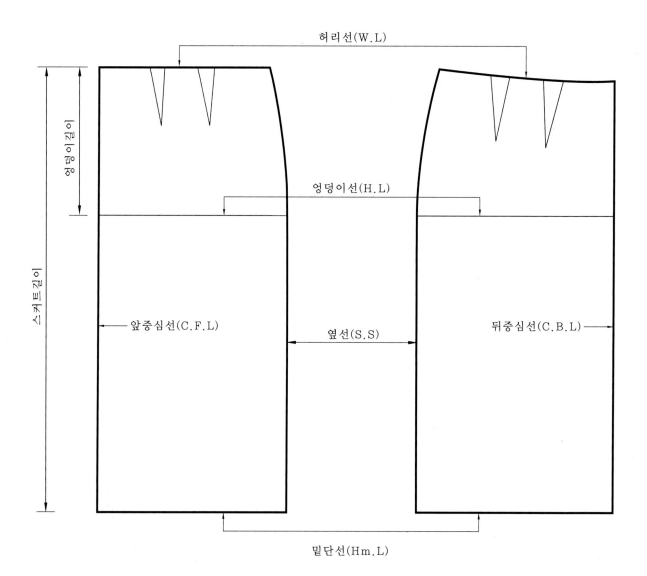

(2) 스커트 원형 제도에 필요한 약자

약 자	영 어	설 명	약 자	영 어	설 명
W	Waist Circumference	허리둘레	H	Hip Circumference	엉덩이둘레
W.L	Waist Line	허리선	H.L	Hip Line	엉덩이선
C.B.L	Center Back Line	뒤중심선	C.F.L	Center Front Line	앞중심선
S.S	Side Seam	옆선	Hm.L	Hem Line	밑단선
H.L	Hip Length	엉덩이길이	Sk.L	Skirt Length	스커트길이

3-4 **바지 원형**

(1) 바지 원형의 각 부분의 명칭

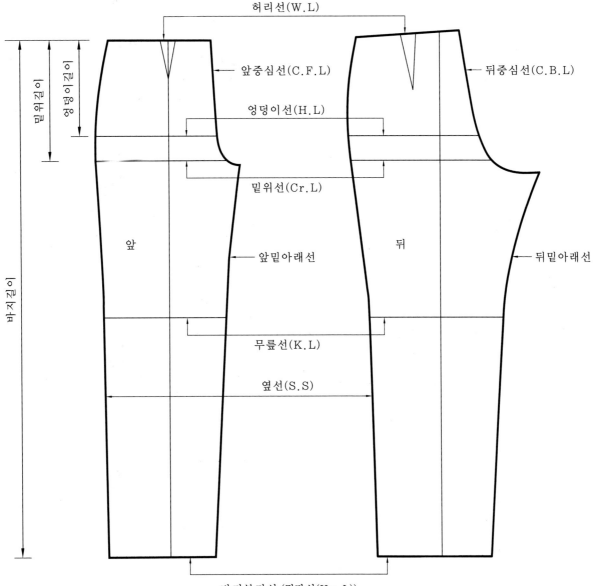

(2) 바지 원형 제도에 필요한 약자

약 자	영 어	설 명	약 자	영 어	설 명
W	Waist Circumference	허리둘레	H	Hip Circumference	엉덩이둘레
W.L	Waist Line	허리선	H.L	Hip Line	엉덩이선
Cr.L	Crotch Line	밑위선	K.L	Knee Line	무릎선
Hm.L	Hem Line	밑단선	C.B.L	Center Back Line	뒤중심선
C.F.L	Center Front Line	앞중심선	S.S	Side Seam	옆선
H.L	Hip Length	엉덩이길이	Cr.L	Crotch Length	밑위길이

3-5 제도에 필요한 부호

기 호	항 목	기 호	항 목
————	안내선	(다트 기호)	다트 표시
————	완성선	(지각 기호)	지각 표시
— · — · —	안단선	(빗금 기호)	심지 표시
— — — —	꺾임선	(곡선 기호)	줄임
— — —	골선	(산 기호)	늘림
- - - - - - -	스티치선	(물결 기호)	줄이기
(등분 기호)	등분선	(교차 기호)	선의 교차
(바이어스 기호)	바이어스 방향	(맞주름 기호)	맞주름
(올방향 기호)	올 방향	(외주름 기호)	외주름
————→	털 방향	(패턴맞춤 기호)	패턴맞춤 표시

CHAPTER 04

상의 원형

4-1 기본 상의 원형(Basic Bodice Pattern)

(1) 기초선 그리기

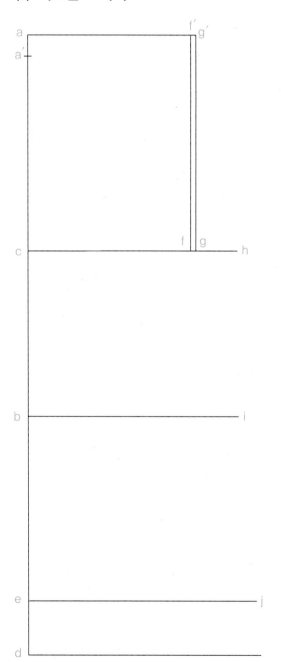

① 앞, 뒤판을 같이 제도한다.

② a : 시작점

③ a-b : 앞길이, 뒷길이

> **tip** 앞길이와 뒷길이는 같거나 앞이 약간 긴 경우
> 가 많다.

④ b-a' : 등길이

⑤ a'-d : 상의길이

⑥ **진동깊이**(a'-c) : Br/4

⑦ b-e : 엉덩이길이

⑧ a,c,b,e,d의 왼쪽으로 직각선을 그려준다.

⑨ d-f, f-f' : d에서 앞품/2만큼 간 후 수직
선을 그린다(f-f').

⑩ d-g, g-g' : d에서 뒤품/2만큼 간 후 수
직선을 그린다(g-g').

⑪ d-h : B/4+2.5cm

> **tip** 진동깊이는 윗가슴둘레를 기준으로, 가슴둘레
> 는 가슴둘레를 기준으로 제도한다.

⑫ c-i : W/4+1.5cm

⑬ e-j : H/4+1cm

그림 8 **상의 원형(Box형) 기초선**

(2) 완성선 그리기

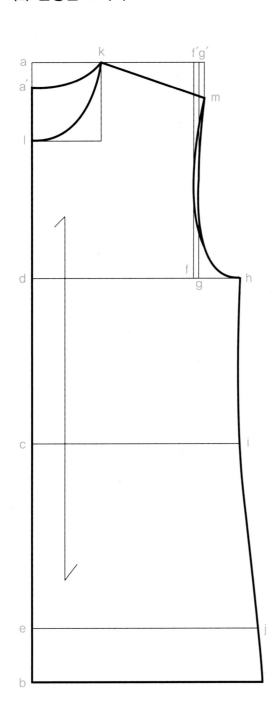

그림 9 **상의 원형(Box형) 완성선**

① **옆선 그리기** : h-i-j를 연결하는 곡선을 상의 밑단선까지 그린다.

② **목둘레 그리기**

- 목너비(a-k) : B/12

> **tip** 목너비는 꼭 맞는 와이셔츠칼라나 차이나칼라를 제외하고는 여유분을 준다.

- 뒤목둘레선 그리기
  a'-k를 연결하는 뒤목둘레선을 그린다.
- 앞목둘레선 그리기
  a-l : B/12+0.5cm
  l-k를 연결하는 앞목둘레선을 그린다.

③ **어깨선 그리기**

- k에서 15cm 간 후 직각으로 5cm 내린 후 (m) 어깨선을 그린다(k-m).

> **tip** 어깨선은 사이즈가 달라져도 기울기가 같아야 한다. 체형에 따라 기울기(k-m)를 더 주거나 덜 줄 수 있다.

④ **진동 둘레선 그리기**

- m-앞품선(f'-f)-h를 연결하는 앞진동둘레선을 그린다.
- m-뒤품선(g-g')-h를 연결하는 뒤진동둘레선을 그린다.

(3) 어깨선 이동

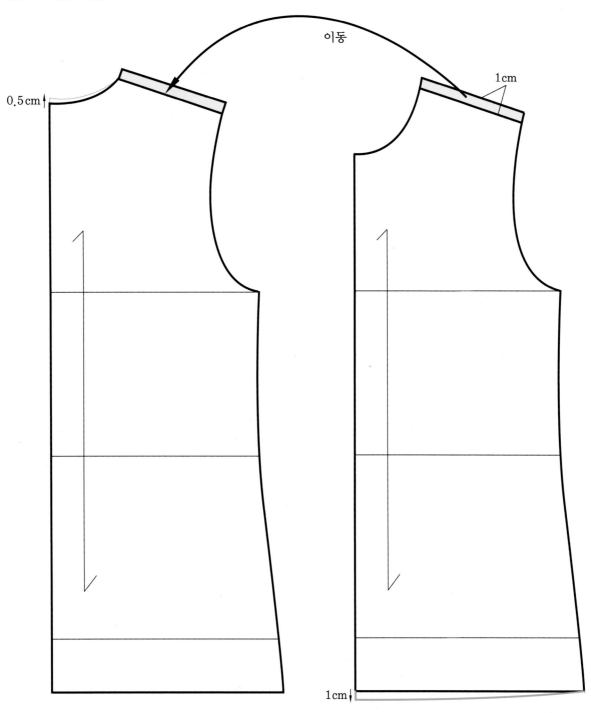

그림 10 상의 원형(Box형) 완성

약간 앞으로 굽어져 있는 체형에 맞는 길원형을 제도하기 위해 앞진동둘레가 적어야 하므로 어깨선 1cm 정도를 잘라 뒤판으로 이동한다.

진동둘레를 해결하기 위해 이동된 선이 새로운 어깨선이 되기 때문에 뒷목너비가 커지고 앞길이가 뒷 길이에 비해 2cm 짧아지므로 패턴을 수정해야 한다.

뒷목너비 수정 : 목뒤점에서 0.5cm 위로 올려서 뒷목둘레를 다시 그려준다.

앞길이 수정 : 어깨선을 이동시켜 줄어든 길이를 1cm 정도 앞 내림분을 주어 보충한다.

4-2   상의 기본 원형(Fit형)

(1) 기초선

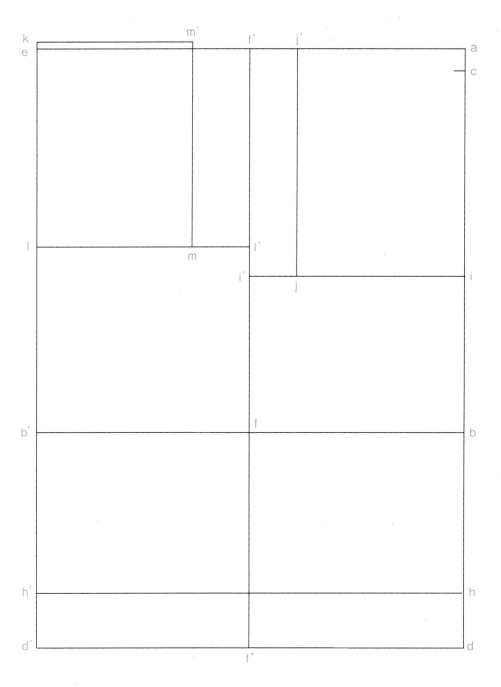

그림 11   **상의 원형(Fit형) 기초선**

① a : 시작점

② a-b : 뒷길이

③ b-c : 등길이

④ c-d : 상의길이

⑤ a-e : B/2+4

⑥ a-e-d'-d를 연결하는 사각형을 그린다.

⑦ **옆선 그리기** : b-b'를 등분한 지점(f)에서 수직선을 그린다 (f'-f")

⑧ e-g : 등길이

⑨ b-h : 엉덩이길이

⑩ 진동깊이 (c-i) : Br/4

⑪ i-j : i에서 뒤품/2만큼 간 후 수직선을 그린다 (j-j').

⑫ b'-k : 앞길이(체형에 따라 a-b와 같거나 짧을 수도 있다.)

⑬ 진동깊이 (c-l) : Br/4

⑭ l-m : m에서 앞품/2만큼 간 후 수직선을 그린다 (m-m').

(2) 완성선

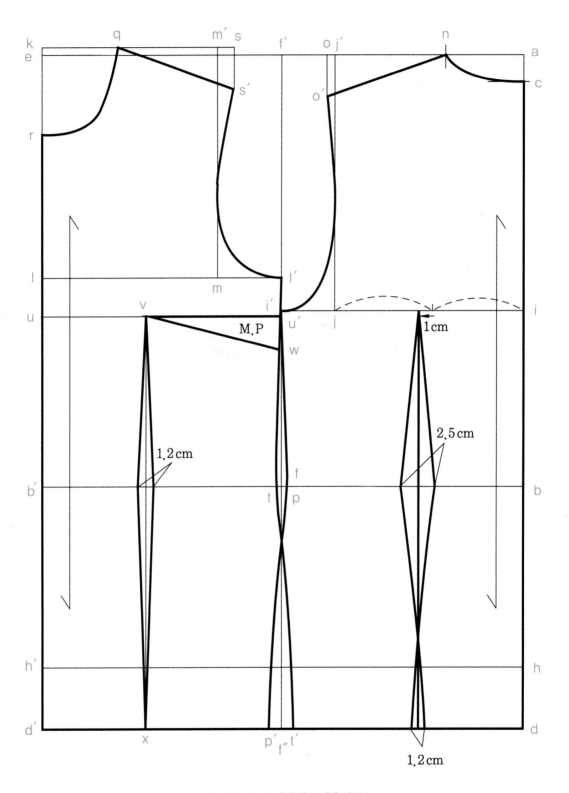

그림 12 상의 원형(Fit형) 완성

〈뒤판 제도〉

① **뒷목너비**(a-n) : B/12 치수만큼 간 후 c를 연결하는 뒤목둘레선을 그린다.

② a에서 어깨너비/2를 간 지점(o)에서 직각으로 5cm 내린 후(o') 뒤어깨선(n-o')을 그린다.

③ 어깨끝점(o')에서 1cm 정도의 직각선을 그린 후 겨드랑이점(i')을 이르는 뒤진동둘레선을 그린다.

④ 옆선그리기

겨드랑이점(i'), f에서 0.6cm 들어간 지점(p), f"에서 1.25cm 나간 점(p')을 연결하는 옆선을 그린다.

⑤ 허리다트 그리기

뒤품을 이등분한 후 옆선 쪽으로 1cm 이동하여 밑단까지 수직선을 그린 후 허리다트량(=2.5cm), 밑단 벌리는 양(=1.2cm)을 연결하는 다트를 그린다.

〈앞판 제도〉

① 앞목둘레선 그리기

- 앞목너비(k-q) : 뒤목너비(a-n)-0.3cm
- 앞목깊이(k-r) : 뒤목너비(a-n)
- r에서 앞중심선과 직각을 그린 후 q와 연결하는 앞목둘레선을 그린다.

② k에서 어깨너비/2를 간 지점(s)에서 직각으로 5cm 내린 후(s') 앞어깨선(q-s')을 그린다. 뒤어깨길이(n-o')와 앞어깨길이(q-s')가 같은지 확인해 본다.

③ 어깨끝점(s')에서 1cm 정도의 직각선을 그린 후 겨드랑이점(l')을 이르는 앞진동둘레선을 그린다.

④ 옆선그리기

겨드랑이점(l'), f에서 0.6cm 들어간 지점(t), f"에서 1.25cm 나간 점(t')을 연결하는 옆선을 그린다.

⑤ 다트(옆다트, 허리다트) 그리기

- k에서 유장 치수만큼 내린 지점(u)에서 수평선을 그린다(u-u').
- u-v : 유폭/2
- 옆다트량(u'-w) : 앞길이와 등길이의 차
- v(B.P)에서 수직선을 그린 후 밑단까지 수직선(x)을 그린다. 허리다트량(=1.2cm)을 연결하는 다트를 그린다.

> **tip** 옆선과 허리다트는 fit에 따라 가감하여 조절한다.

4-3 뒷중심선을 넣을 경우

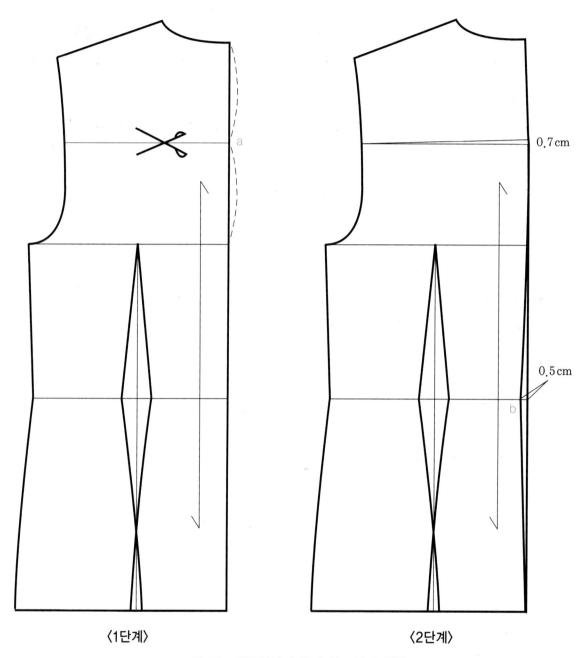

〈1단계〉   〈2단계〉

그림 13 뒷중심선이 들어가는 상의 원형

※ 상의 원형 (Fit형) 활용 (그림 12)

〈1 단계〉

뒤목점에서 가슴선을 이등분한 지점 (a)을 자른다.

〈2 단계〉

① a지점을 0.7cm 정도 벌려주면 등뼈로 인하여 뒤 밑단이 뜨는 것을 방지할 수 있다.

② 허리선에서 0.6cm 들어간 지점(b)과 밑단을 직선연결한다.

③ b지점에서 뒤목점을 잇는 곡선과 b지점에서 밑단까지 직선연결한다.

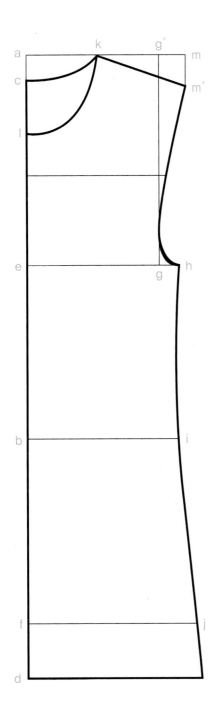

그림 14 **니트 원형**

4-4 **니트 원형**

※ **앞, 뒤판을 같이 제도한다.**

① a : 시작점

② a-b : 뒷길이

③ b-c : 등길이

④ c-d : 상의길이

⑤ **진동깊이**(c-e) : Br/4-0.7cm(필요에 따라 2~3cm 정도는 올려도 된다.)

⑥ b-f : 엉덩이길이

⑦ a,e,b,f,d 의 왼쪽으로 직각선을 그려준다.

⑧ e-g, g-g' : e에서 품/2-3cm만큼 간 후 수직선

⑨ e-h : B/4-4cm

> **tip** 진동깊이는 윗가슴둘레를 기준으로, 가슴둘레는 가슴둘레를 기준으로 제도한다.

⑩ b-i : W/4-1.3cm

⑪ f-j : H/4-5cm

⑫ **옆선그리기** : h-i-j를 연결하는 곡선을 상의 밑단선까지 그린다.

⑬ **목둘레 그리기**
- 뒤목둘레선 그리기
  목너비(a-k) : B/12
  c-k를 연결하는 뒤목둘레선을 그린다.
- 앞목둘레선 그리기
  a-l : B/12+0.8cm
  k-l을 연결하는 앞목둘레선을 그린다.

⑭ **어깨선 그리기** : a에서 어깨너비/2-2.3cm 만큼 간 후 직각으로 3.2cm 내린 후(m') 어깨선을 그린다.

⑮ **진동둘레선 그리기**
  m'-h를 연결하는 진동둘레선을 그린다.

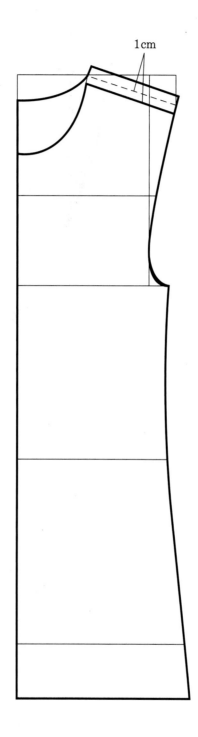

그림 15 **니트 원형 – 어깨선 수정**

약간 앞으로 굽어져 있는 체형에 맞는 니트 원형을 제도하기 위해 앞판 어깨선 1cm 정도를 잘라 뒤판으로 이동한다.

4-5 프린세스라인이 들어간 원형

(1) 암홀 프린세스라인 원형

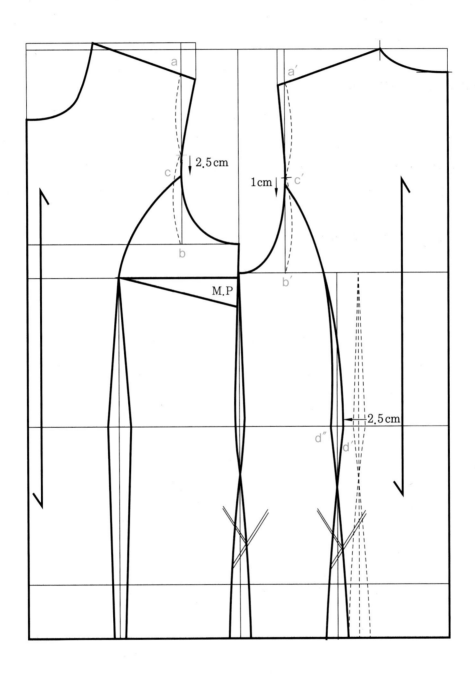

그림 16 **암홀 프린세스라인 원형**

※ 기본 상의 원형 (Fit형) 활용 (그림 12)

① 앞 암홀 프린세스라인 그리기

- 암홀 프린세스라인 시작점(c) : 어깨선과 앞품선이 만나는 지점(a)과 가슴선 지점(b)을 이등 분한 2.5cm 내린 지점
- 암홀 프린세스라인 시작점(c)과 B.P를 연결하는 암홀 프린세스라인을 그린다.

② 뒤 암홀 프린세스라인 그리기

- 암홀 프린세스라인 시작점(c') : 어깨선과 앞품선이 만나는 지점(a')과 가슴선 지점(b')을 이등 분한 1cm 내린 지점
- 허리다트를 옆선쪽으로 2.5cm 이동한다.
- 암홀 프린세스라인 시작점(c')과 허리다트 부분(d, d')과 연결하는 암홀 프린세스라인을 그린다.

tip 라인선의 위치는 디자인에 따라 이동한다.

(2) 숄더 프린세스라인 원형

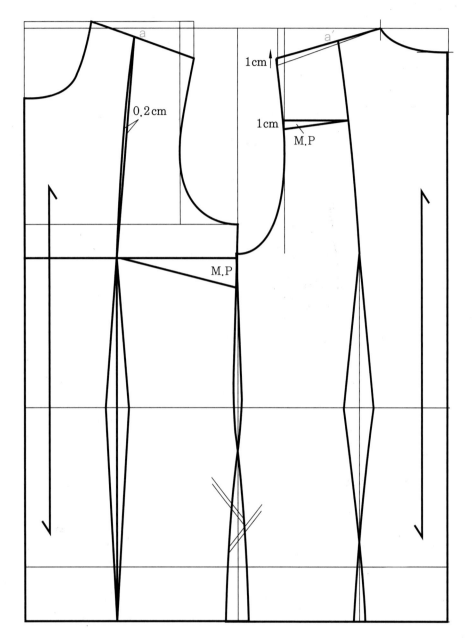

그림 17 **숄더 프린세스라인 원형**

※ 기본 상의 원형 (Fit형) 활용 (그림 12)

① 앞 숄더 프린세스라인 그리기

- 숄더 프린세스라인 시작점(a) : 어깨선상 옆목점에서 5cm 들어간 지점
- 숄더 프린세스라인 시작점(a)과 B.P를 연결하는 숄더 프린세스라인을 그린다. 이때 가슴둘레선 위로 0.2cm 정도의 공간을 준다.

② 뒤 암홀 프린세스라인 그리기

- 숄더 프린세스라인 시작점(a') : 어깨선상 옆목점에서 5cm 들어간 지점
- 숄더 프린세스라인 시작점(a')과 허리다트가 연결하는 숄더 프린세스라인을 그린다.
- 암홀 다트 1cm를 주어 부족해진 진동둘레 치수는 어깨끝점에서 1cm 올려 보충한다.

4-6 요크 스타일 원형

(1) 요크 스타일 원형 I

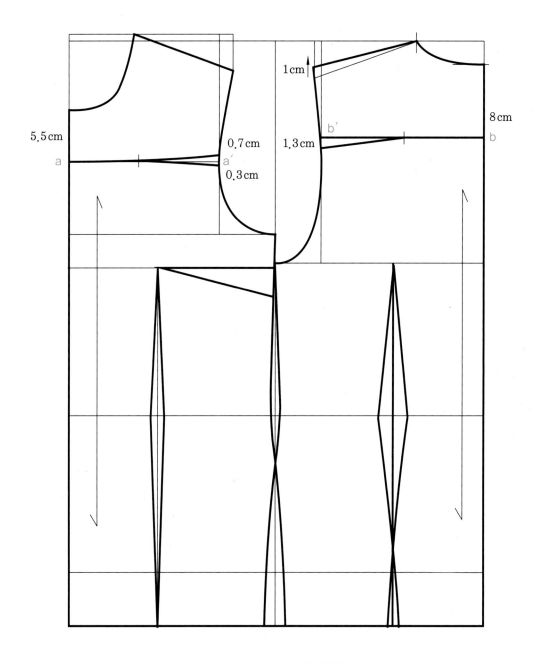

그림 18 **요크 스타일 원형 I**

※ 기본 상의 원형 (Fit형) 활용 (그림 12)

① 앞 요크선 그리기

- 목앞점에서 5.5cm(a) 내린 후 수평선을 그린다(a-a′).
- a′지점에서 0.3cm 내리고 0.7cm를 올린 후 각각 곡선처리한다.

② 뒤 요크선 그리기

- 목뒤점에서 5.5cm(b) 내린 후 수평선을 그린다(b-b′).
- b′지점에서 1.3cm를 내린 후 곡선처리한다.
- 부족한 진동둘레 치수는 어깨끝점에서 1cm 올려 보충한다.

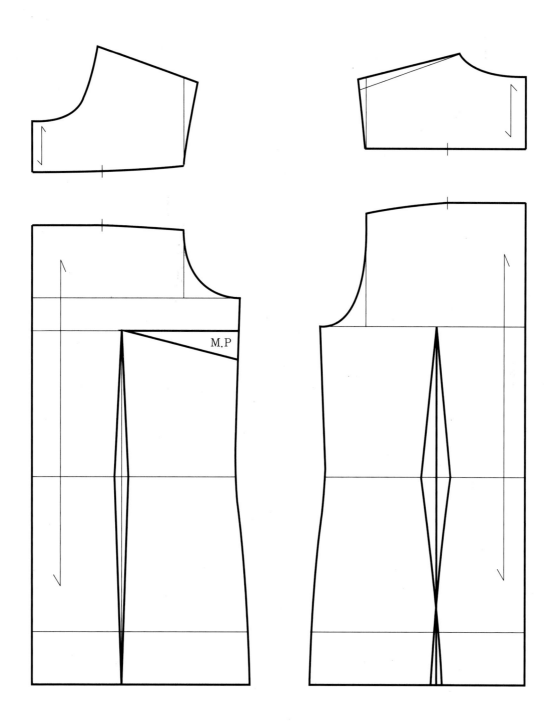

그림 19 **요크 스타일 원형 | 완성 패턴**

(2) 요크 스타일 원형 II

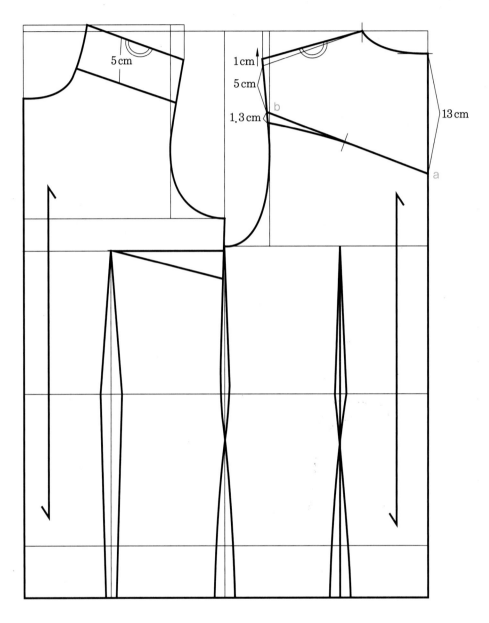

그림 20   요크 스타일 원형 II

※ 기본 상의 원형 (Fit형) 활용 (그림 12)

① 앞 요크선 그리기 : 어깨선에서 5cm 내려 평행선을 그린다.

② 뒤 요크선 그리기

• 목뒤점에서 13cm(a), 어깨끝점에서 5cm(b) 내린 지점을 연결한다(a-b).

• b지점에서 1.3cm를 내린 후 곡선처리한다.

• 부족한 진동둘레 치수는 어깨끝점에서 1cm 올려 보충한다.

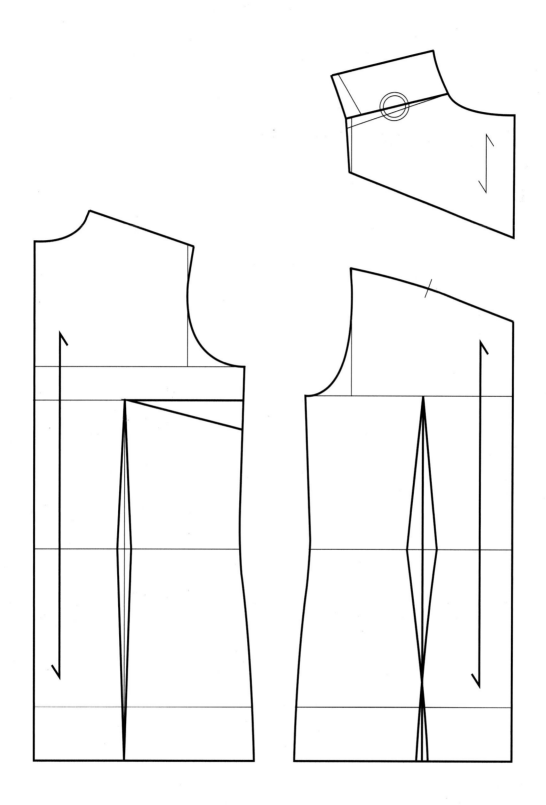

그림 21 **요크 스타일 원형 II 완성 패턴**

CHAPTER 05

소 매 (Sleeve)

5-1 기본 소매 원형(Basic Sleeve Pattern)

(1) 기초선 그리기

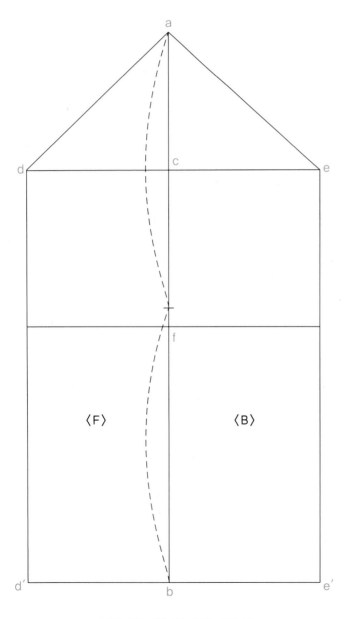

① **소매길이**(a–b) : 소매길이

② **소매산높이**(a–c) : AH/4+3.8cm

> **tip** 소매산높이는 이세분량 조절을 위해 조절 가능하다.

③ a–d : 앞진동둘레(FAH)−0.3cm

④ a–e : 뒤진동둘레(BAH)

⑤ d, e에서 수직선을 그린다(d', e').

⑥ **팔꿈치길이**(a–f) : 소매길이/2를 한 후 2.5cm 내린 지점이다.

그림 22 **한 장 소매 기초선**

(2) 완성선 그리기

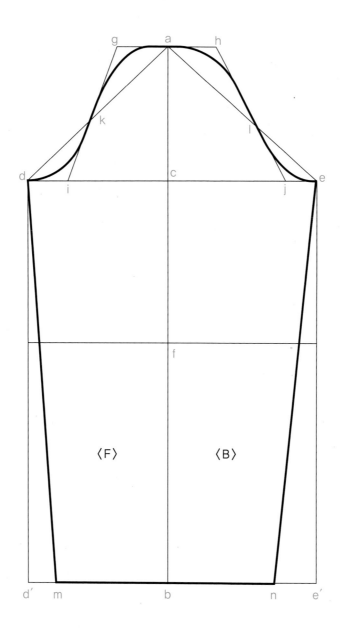

그림 23 **한 장 소매 완성선**

① a-g = a-h : 5cm, d-i : 4.5cm, e-j : 3.5cm

② g-i, h-j를 직선 연결한다. (a-d와 g-i의 교차점을 k, a-e와 h-i의 교차점을 l이라 함.)

③ a-k-d, a-l-e를 연결하는 진동둘레를 그린다. 이때 소매정점(a지점)에서 1cm 정도 수평이 되
   게 그린다.

④ b-m = b-n : 소매통/2만큼 간 후 d-m, e-n을 곡선 연결한다.

5-2   두 장 소매

(2) 두 장 소매 I

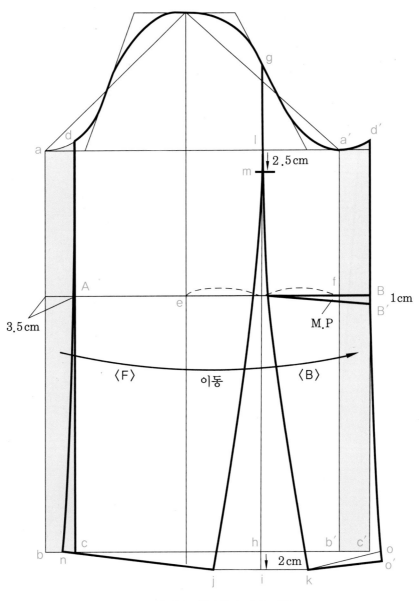

그림 24 두 장 소매 I 제도

※ 한 장 소매 원형 활용 (그림 23)

① 앞판 소매의 3.5cm 정도의 분량(a-b-c-d)을 뒤판으로 이동시킨다(a'-b'-c'-d').
② 큰 소매, 작은 소매의 옆선 그리기
   • 뒤판 소매 팔꿈치선에서 뒤판 폭(e-f)을 이등분한 후 수직선을 그린다(g-h).
   • h-i : 2cm 내림
   • i-j = i-k : 5cm, l-m : 2.5cm
   • m-j, m-k 를 연결하는 곡선을 그린다.

③ **소매통 정하기**(j-n, k-o)
- 소매통 : 손목둘레+8cm
- 큰소매(j-n) : 원하는 소매통의 2/3분량
- 작은소매(k-o) : 원하는 소매통의 1/3분량

  [예] 소매통이 24cm이면 큰 소매는 16cm, 작은 소매는 8cm

④ A-n, B-o 를 연결하는 곡선을 그린다.

⑤ 작은 소매 팔꿈치선에 1cm 분량의 다트를 준다(B-B′). 다트를 주면 소매길이가 짧아지므로 소매밑단에서 1cm를 내려준다(o-o′).

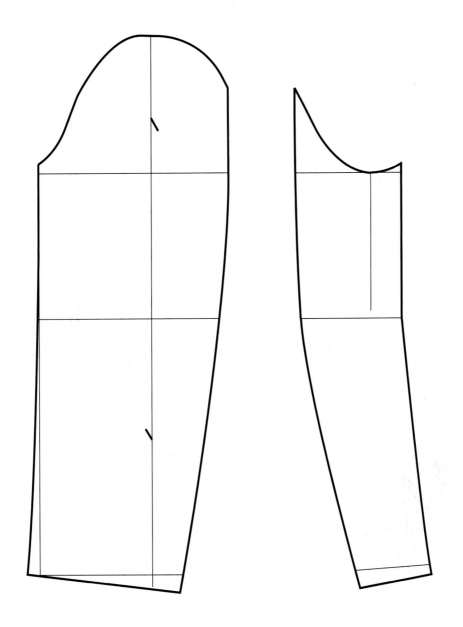

그림 25 **두 장 소매 Ⅰ 완성**

(2) 두 장 소매 II

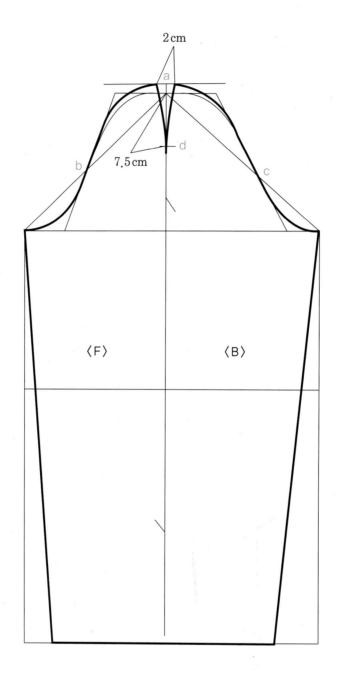

[그림 26] 두 장 소매 II 제도

※ 한 장 소매원 형 활용 (그림 23)

① 기존 소매정점에서 1cm 올려 새로운 소매정점(a)을 잡은 후 수평선을 그린다.

② 새로운 소매정점(a)과 b, c를 연결하는 새로운 진동둘레를 그려준다.

③ 다트량(=2cm), 다트길이(=7.5cm)로 다트를 그려준다

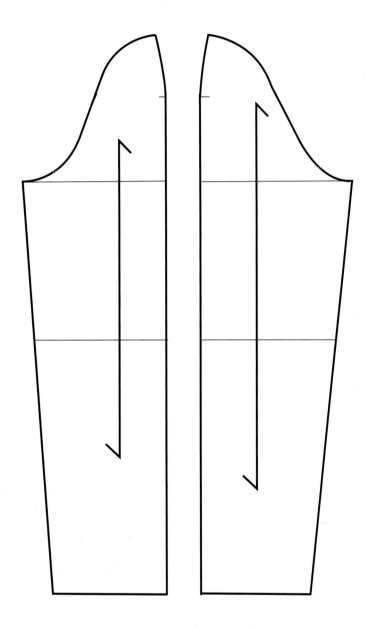

그림 27 두 장 소매 II 완성

5-3 래글런 소매 (Raglan Sleeve)

어깨선이 없는 래글런 소매

(1) 뒤판 제도 – 몸판 래글런선 제도

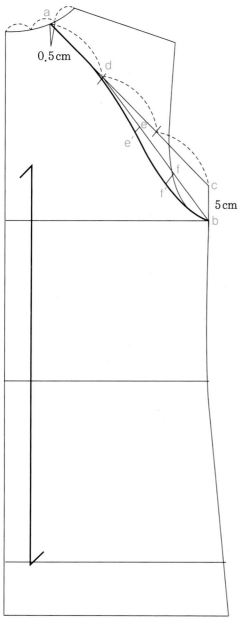

※ 기본 상의 원형(box형) 뒤판 활용 (그림 9)

① 안내선 그리기
- 목둘레선을 3등분한 후 1/3 지점에서 0.5cm 앞목점으로 간 지점(a)과 겨드랑이점(b)에서 수직으로 5cm 올라간 지점(c)을 연결한 안내선을 그린다.
- d-b : a-c를 3등분한 1/3지점(d)과 겨드랑이점(b)을 직선연결한 후 3등분한다(e, f).

② 몸판 래글런선 그리기
- e에서 0.75cm(e'), f에서 1.5cm(f')
- b-f'-e를 잇는 곡선과 e'-d를 잇는 곡선을 그림과 같이 그린다.
- 각진 b를 곡선처리한다.

그림 28 어깨선이 없는 래글런 소매 (뒤 ①)

(2) 뒤판 제도 – 소매 래글런선 제도

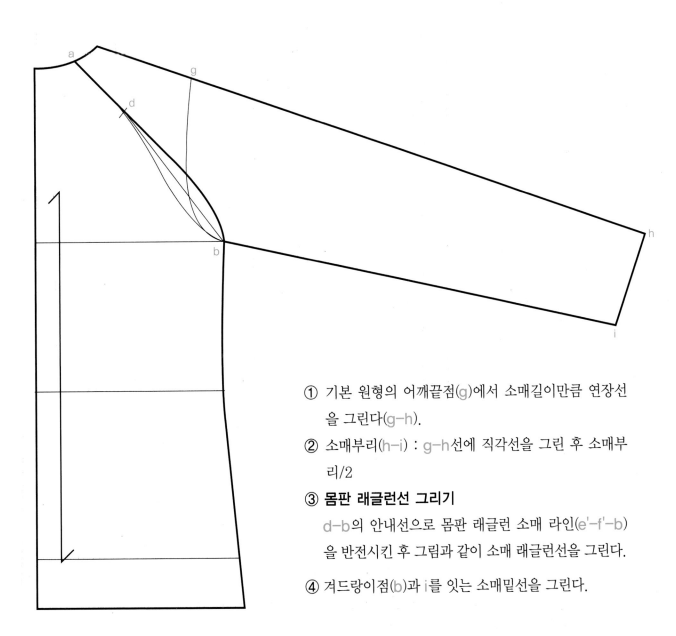

① 기본 원형의 어깨끝점(g)에서 소매길이만큼 연장선을 그린다(g-h).

② 소매부리(h-i) : g-h선에 직각선을 그린 후 소매부리/2

③ **몸판 래글런선 그리기**

   d-b의 안내선으로 몸판 래글런 소매 라인(e'-f'-b)을 반전시킨 후 그림과 같이 소매 래글런선을 그린다.

④ 겨드랑이점(b)과 i를 잇는 소매밑선을 그린다.

그림 29 **어깨선이 없는 래글런 소매 (뒤 ②)**

(3) 앞판 제도 – 몸판 래글런선 제도

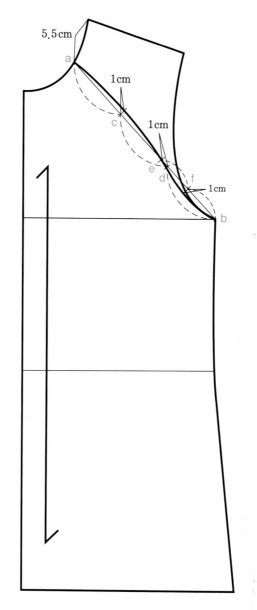

그림 30   어깨선이 없는 래글런 소매 I (앞 ①)

※ 기본 상의 원형(box형) 앞판 활용 (그림 9)

① 목옆점에서 5.5cm 간 지점(a)과 겨드랑이점(b)을 연결하는 안내선을 그린다.

② 안내선을 3등분한 지점을 c, d 라고 한다.

③ 안내선 2/3지점(d)에서 목둘레선쪽으로 1cm 올린 지점(e)

④ a지점과 a–c를 이등분하여 1cm 올린 지점, e지점을 잇는 곡선을 그린다.

⑤ e지점과 e–f를 이등분하여 1cm 내린 지점, 겨드랑이점(b)을 잇는 곡선을 그린다.

(4) 앞판 제도 – 소매 래글런선 제도

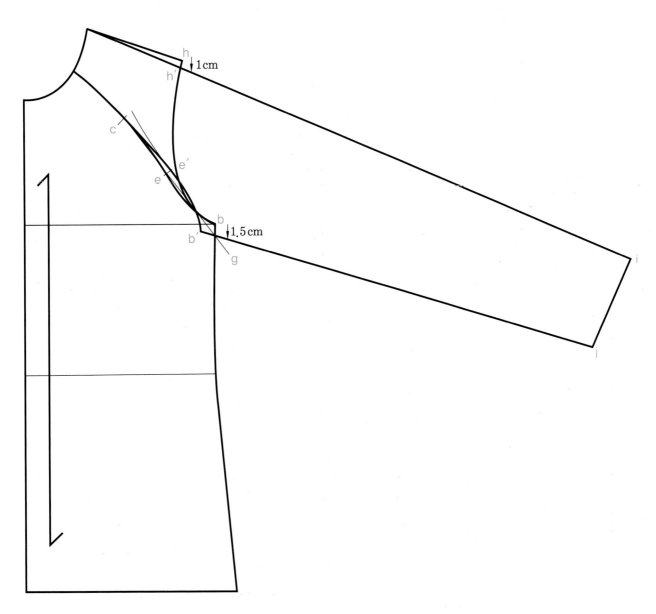

그림 31 **어깨선이 없는 래글런 소매 I (앞 ②)**

① 소매 안내선 1/3지점(c)과 겨드랑이점(b)에서 1.5cm 내려간 지점(g)을 직선 연결한다.

② c-e-b를 잇는 몸판 래글런선을 안내선(c-g)을 기준으로 반전을 시킨다.

③ 반전시킨 소매 래글런선 e'지점과 c를 잇는 곡선를 그린다.

④ 기본 원형의 어깨끝점(h)에서 소매길이만큼 연장선을 그린다(h'-i).

⑤ **소매부리**(i-j) : h'-i선에 직각선을 그린 후 소매부리/2

⑥ b'와 j를 잇는 소매밑선을 그린다.

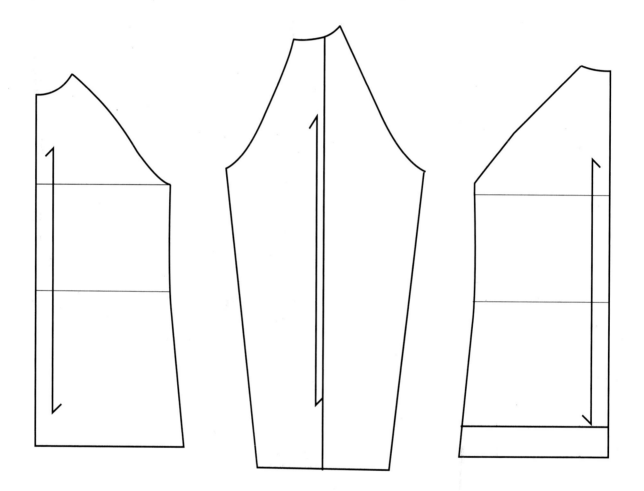

그림 32 어깨선이 없는 래글런 소매 완성 패턴

어깨선이 있는 래글런 소매

(1) 뒤판 제도 - 몸판 래글런선 제도

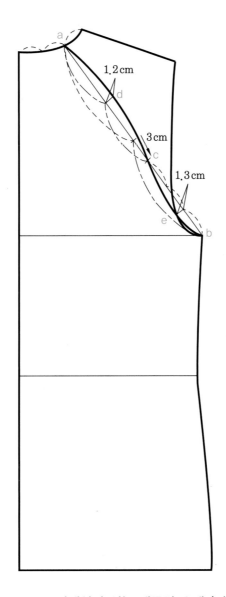

그림 33 **어깨선이 있는 래글런 소매 (뒤 ①)**

※ 기본 상의 원형(box형) 앞판 활용 (그림 9)

① 목둘레를 3등분한 지점(a)과 겨드랑이점(b)을 직선 연결하여 안내선을 그린다.

② 안내선을 2등분한 후 3cm 내린 지점(c)

③ a지점과 c를 이등분하여 1.2cm 올린 지점(d)

④ b지점과 겨드랑이점을 3등분한 후 1/3지점에서 1.3cm 내린 지점(e)

⑤ a, d, c, e, 겨드랑이점(b)을 연결하는 래글런선을 그린다.

(2) 뒤판 제도 – 몸판 래글런선 제도

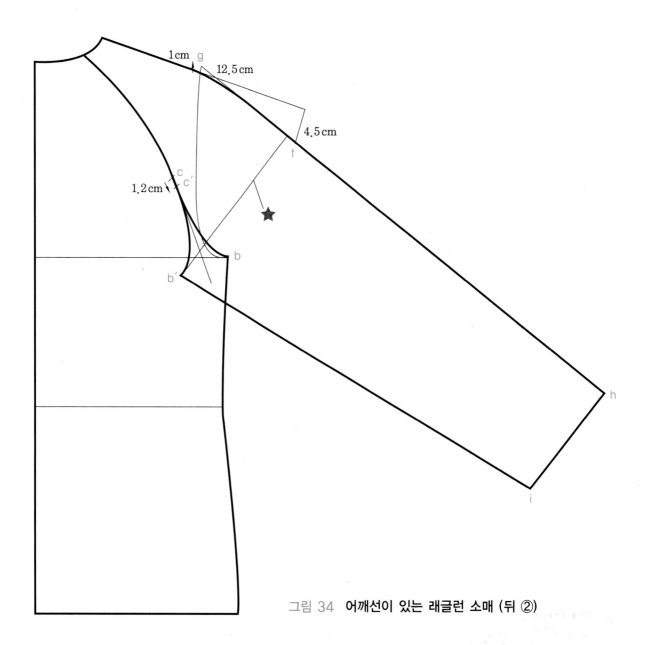

그림 34 **어깨선이 있는 래글런 소매 (뒤 ②)**

① 기본 원형의 어깨선에서 12.5cm 연장해서 직각으로 4.5cm 내린 지점(f)과 어깨 끝점에서 1cm 올라간 지점(g)과 직선 연결하여 소매길이만큼 연장한다(h).

② **소매부리**(h–i) : g–h선에 직각선을 그린 후 소매부리/2+0.5cm

③ **너치지점**(c') : c지점에서 1.2cm 내린 지점

④ 너치 지점으로 접선인 안내선을 그린 후, 몸판 래글런선(c'–b)과 같은 치수로 반전한다(c'–b').

⑤ b'와 i를 잇는 소매밑선을 그린다.

⑥ 어깨 끝점의 각진 부분을 곡선처리한다.

tip ★선은 소매통 넓이에 따라 위치를 변경할 수 있다. 소매통이 넓으면 ★선을 내리고 소매통이 좁으면 ★선을 올린다. 소매 기울기 또한 실루엣 따라 변화를 줄 수 있다.

(3) 앞판 제도 − 몸판 래글런선 제도

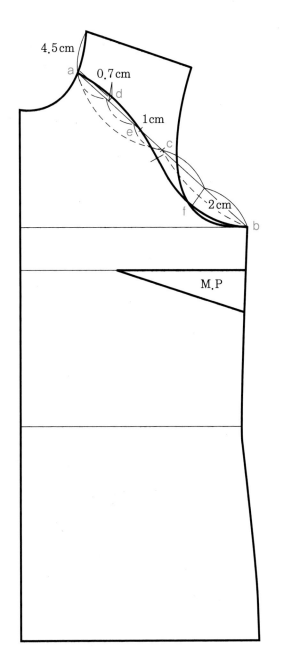

그림 35 **어깨선이 있는 래글런 소매 (앞 ①)**

※ 기본 상의 원형(box형) 앞판 활용 (그림 9)

① 목옆점에서 4.5cm 간 지점(a)과 겨드랑이점(b)을 연결하는 안내선을 그린다.

② 안내선을 2등분한 지점을 c라고 한다.

③ a−c를 3등분하여 1/3지점에서 안내선을 따라 0.5cm 간 지점에서 0.7cm 올라간 지점을 d라고 한다.

④ a−c를 3등분하여 2/3지점에서 안내선을 따라 1cm 간 지점을 e라고 한다.

⑤ a−d−e를 연결하는 곡선을 그린다.

⑥ c−겨드랑이점(b)을 2등분하여 2cm 내려간 지점을 f라고 한다.

⑦ e−f−겨드랑이점(b)을 연결하는 곡선을 그린다.

(4) 앞판 제도 – 소매 래글런선 제도

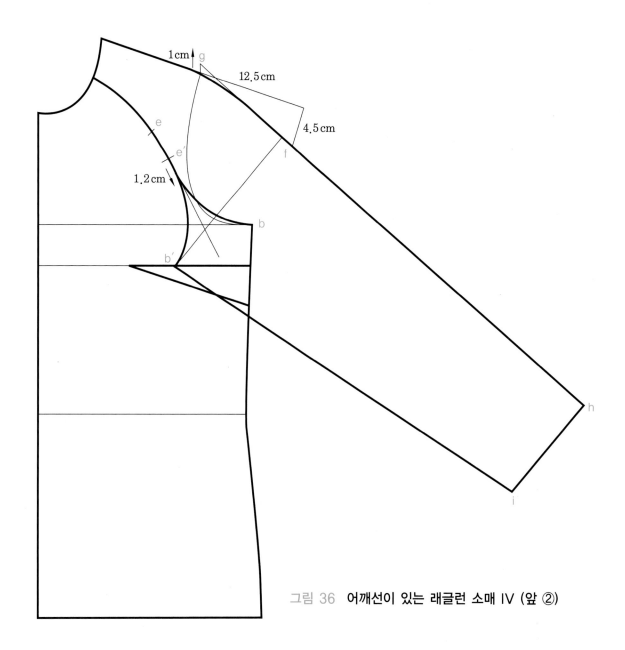

그림 36 **어깨선이 있는 래글런 소매 IV (앞 ②)**

① 기본 원형의 어깨선에서 12.5cm 연장해서 직각으로 4.5cm 내린 지점(f)과 어깨 끝점에서 1cm 올라간 지점(g)과 직선 연결하여 소매길이만큼 연장한다(h).

② **소매부리**(h-i) : g-h선에 직각선을 그린 후 소매부리/2-0.5cm

③ **너치지점**(e') : e지점에서 3.5cm 내린 지점

④ 너치 지점으로 접선인 안내선을 그린 후 몸판 래글런선(e'-b)과 같은 치수로 반전한다(e'-b').

⑤ b'와 i를 잇는 소매밑선을 그린다.

⑥ 어깨 끝점의 각진 부분을 곡선처리한다.

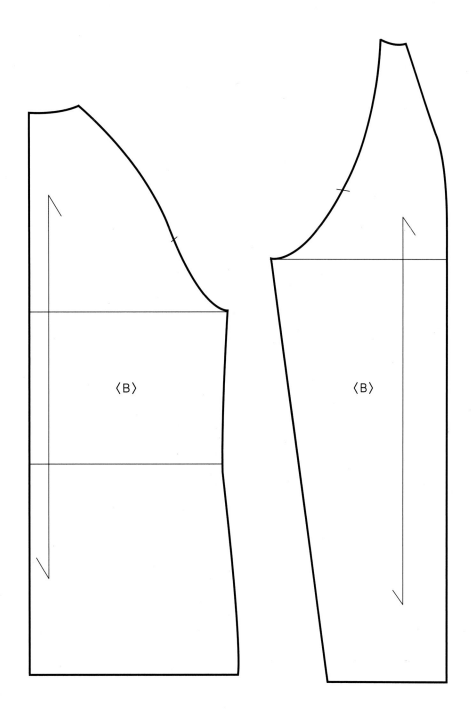

그림 37 **어깨선이 있는 래글런 소매 (뒷판 완성 패턴)**

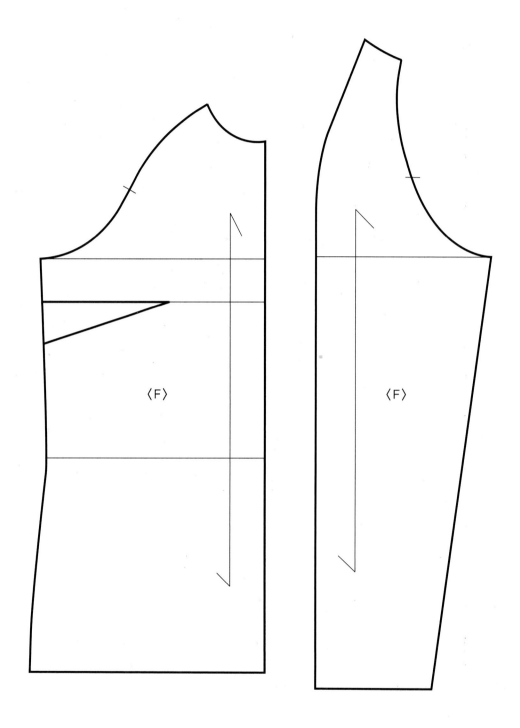

그림 37 어깨선이 있는 래글런 소매 (앞판 완성 패턴)

5-4 돌만 소매 (Dolman Sleeve I, II)

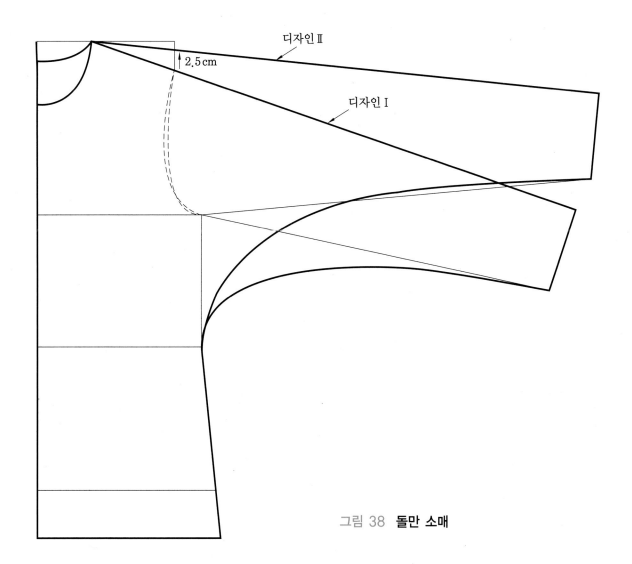

디자인 II

2.5 cm

디자인 I

그림 38 돌만 소매

※ 기본 상의 원형(box형) 앞판 활용 (그림 9)

〈디자인 I〉

① 기존 어깨선을 연장한 후 소매길이만큼 그린다.

② 소매부리 : 11.5cm

〈디자인 II〉

① 어깨 끝점에서 2.5cm 올려 옆목점과 연결하는 선을 그린다. 길이는 디자인 I의 옆목점에서 소매 밑단까지의 길이로 한다.

② 소매부리 : 11.5cm

tip 돌만 소매인 경우, 어깨선의 기울기와 소매 곡선 시작점의 위치는 원하는 실루엣에 따라 달라질 수 있다.

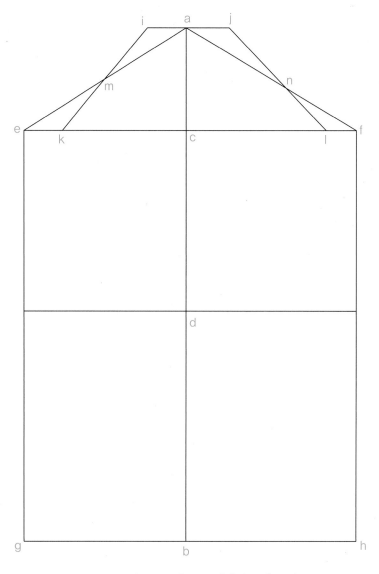

5-5 셔츠 소매 (Shirts Sleeve)

(1) 기초선

그림 39   셔츠 소매 (기초선)

① **소매길이**(a-b) : (팔길이+1.5cm) - (커프스폭 - 2cm)

② **소매산높이**(a-c) : AII/4

③ **팔꿈치길이**(a-d) : 소매길이/2한 후 3cm 내린 지점

④ a, c, d, e에서 좌우로 수평선을 그린다.

⑤ a-e : 앞진동둘레(FAH)-0.6cm

⑥ a-f : 뒤진동둘레(BAH)-0.6cm

⑦ d, e에서 수직선을 그린다(d', e').

⑧ e, f에서 수직선을 그린다.

⑨ a-i : 4.5cm, a-j : 5cm, e-k : 4cm, l-f : 3cm

(2) 완성선

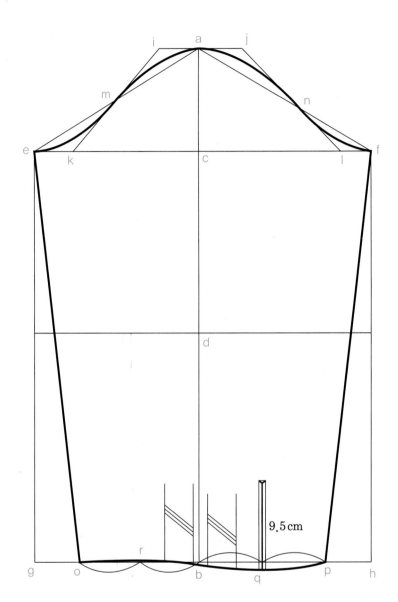

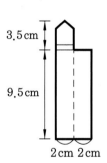

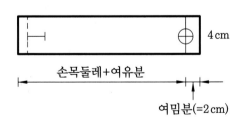

그림 40 셔츠 소매 (완성선)

① a-m-e, j-n-f를 연결하는 앞,뒤 진동둘레선을 그린다.

② o-p : 손목둘레+여유분(5cm)+주름분 (3cm, 2개)

③ e-o, f-p를 연결하는 소매옆선을 그린다.

④ **소매밑단 그리기**

　• b-p를 이등분한 후 0.5cm 내리고(q) o-b를 이등분하여 0.1cm 올린다(r).

　• o-r-b, b-q-p를 연결하는 밑단선을 그린다.

　• 소매부리 트임 : q에서 길이 9.5cm, 폭 1cm로 트임을 그린다.

　• 주름분 표시 : 소매부리 트임에서 2.5cm 떨어진 부분에 첫 번째 주름을 주고 다시 2.5cm 떨어진 부분에 두 번째 주름분을 준다.

⑤ **커프스 그리기**

　• 커프스폭 : 4cm

　• 커프스길이 : 손목둘레+여유분(4~5cm)+여밈분(=2cm)

　• 단추구멍길이 : 단추의 지름+두께

⑥ **플라켓 그리기**

　• 플라켓폭 : 2cm

　• 플라켓높이 : 13cm

5-6 캡 소매 (Cap Sleeve)

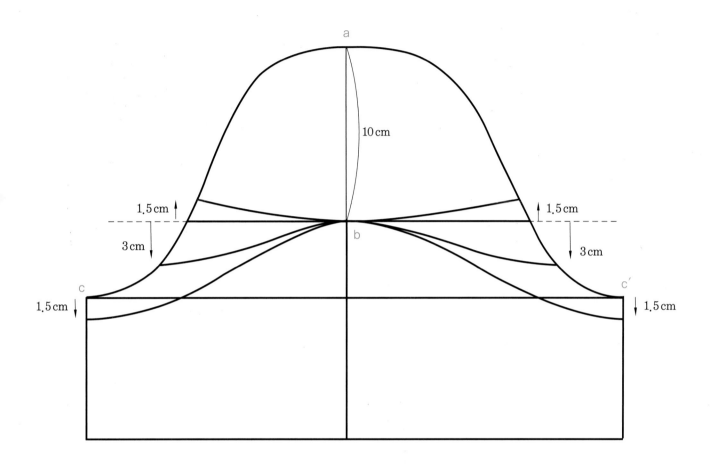

그림 41 **캡 소매**

※ 한 장 소매 원형 활용 (그림 23)

① 소매정점(a)에서 10cm 내려간 지점에 안내선을 그린다.

② 디자인에 따라 안내선(b)에서 진동둘레선에 1.5cm 올리거나 3cm 내려서 캡 소매 밑단선을 그린
   다. 소매옆선이 있는 캡 소매를 원하면 겨드랑이점(c)에서 1.5cm 내려서 캡 소매 밑단선을 그린다.

5-7 카울 소매 (Cowl Sleeve)

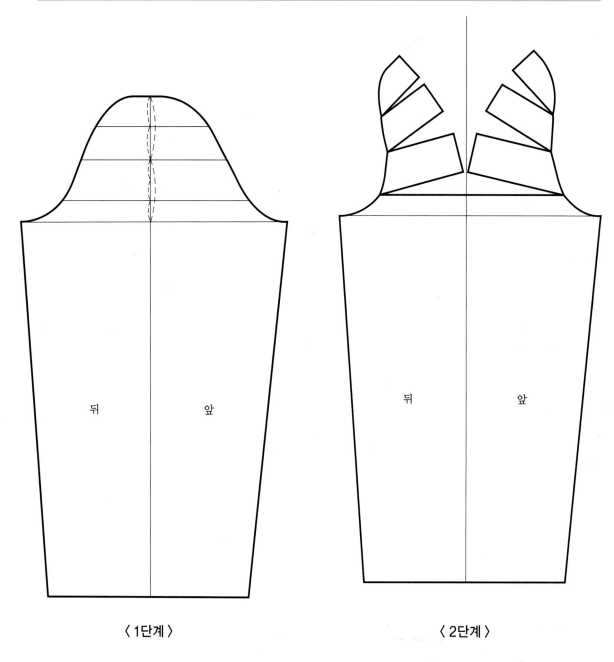

〈1단계〉　　　　　　　　　　　　　　　〈2단계〉

그림 42 **카울 소매**

※**한 장 소매 원형 활용 (그림 23)**

〈1단계〉

그림과 같이 소매산에 절개선을 그린다.

〈2단계〉

앞, 뒤판 소매산 높이가 같게 그림과 같이 벌려준다.

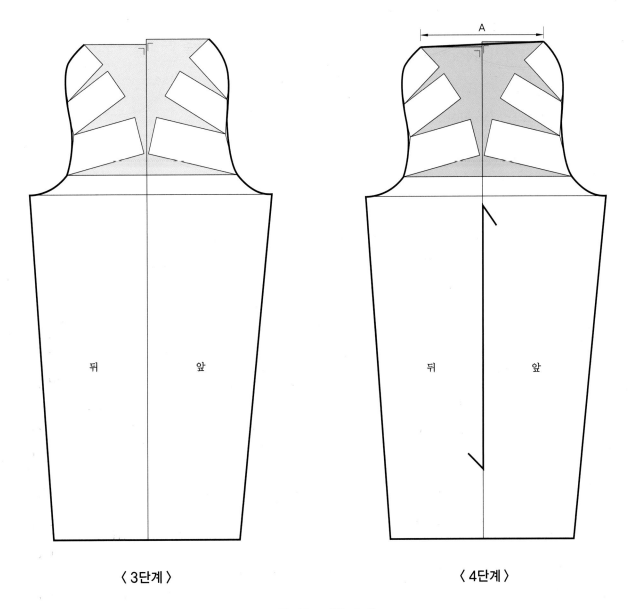

〈 3단계 〉　　　　　　　　〈 4단계 〉

그림 43 **카울 소매**

〈3단계〉

앞, 소매정점에서 소매중심선에 직각이 되는 선을 그린다.

〈4단계〉

앞, 뒤 차이가 나는 소매산높이를 조정한다. A 의 길이는 디자인의 실루엣에 따라 결정한다. 봉제
시 A선을 반으로 접어 박는다.

CHAPTER 06 칼 라 (Collar)

6-1 네크라인 (Neckline)

(1) 브이 네크라인 (V Neckline)

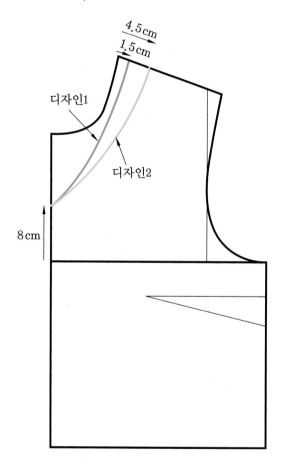

① **디자인 1** : 가슴둘레선상에서 8cm 올라간 지점과옆목점에서 어깨선을 따라 1.5cm간 지점을 곡선 연결한다.

② **디자인 2** : 가슴둘레선상에서 8cm 올라간 지점과 옆목점에서 어깨선을 따라 4.5cm 간 지점을 곡선 연결한다.

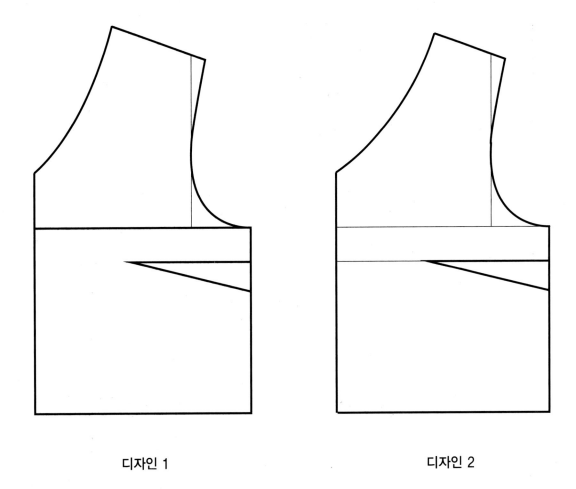

디자인 1   디자인 2

그림 44 브이 네크라인 (디자인 1, 2)

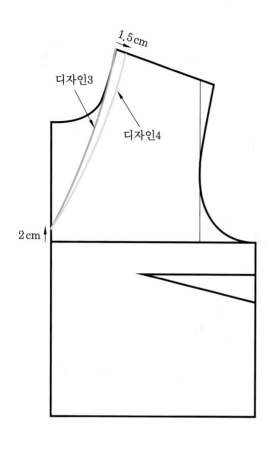

③ **디자인 3** : 가슴둘레선상에서 2cm 올라간 지점과 옆목점을 곡선 연결 한다.

④ **디자인 4** : 가슴둘레선상에서 2cm 올라간 지점과 옆목점에서 어깨선을 따라 1.5cm간 지점을 곡선 연결 한다.

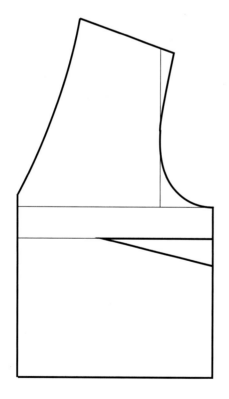

디자인 3

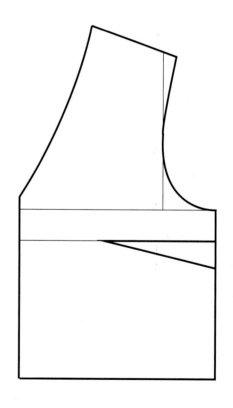

디자인 4

그림 45 **브이 네크라인 (디자인 3, 4)**

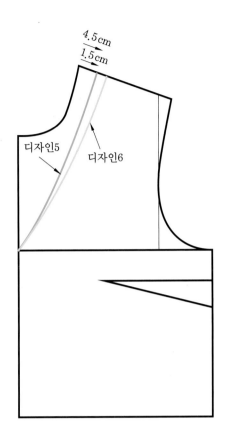

⑤ **디자인 5** : 가슴둘레선과 옆목점에서 어깨
　　　　　 선을 따라 1.5cm 간 지점을 곡
　　　　　 선 연결한다.

⑥ **디자인 6** : 가슴둘레선과 옆목점에서 어깨
　　　　　 선을 따라 4.5cm 간 지점을 곡
　　　　　 선 연결한다.

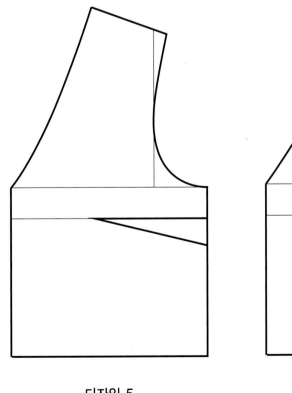

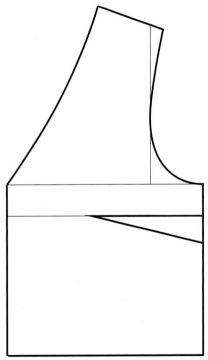

디자인 5 　　　　　　　　　　 디자인 6

그림 46 브이 네크라인 (디자인 5, 6)

⑦ **디자인 7** : 가슴둘레선상에서 4.5cm 내려간 지점과 옆목점에서 어깨선을 따라 4.5cm 간 지점
　　　　　　을 곡선 연결한다.

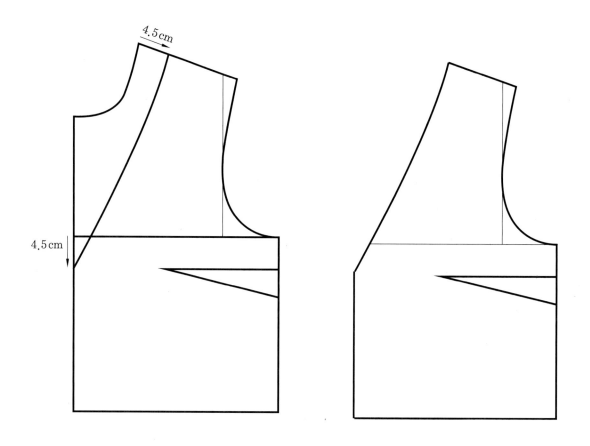

그림 47　브이 네크라인 (디자인 7)

tip　브이 네크라인(V Neckline)은 목너비와 목깊이를 다양하게 그릴 수 있으며, 목너비가 넓거나 목깊이가 깊어질수
　　　 록 뒷목너비보다 앞목너비가 좁아져야 앞목선이 뜨지 않는다.

(2) 하이 네크라인 (High Neckline)

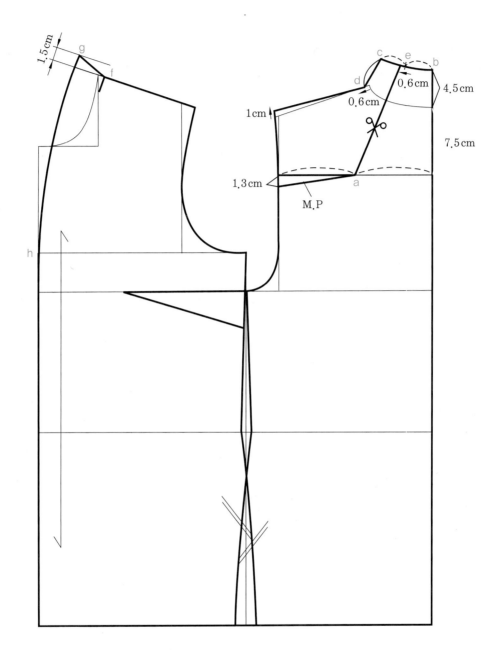

그림 48 **하이 네크라인 (1단계)**

〈뒤판 제도〉

① 뒷목점에서 7.5cm 내린 지점을 수평선을 그린 후 암홀 다트를 그린다(다트량 : 1.3cm).

② 뒷목점에서 4.5cm 올라간 지점(b)과 옆목점에서 수직으로 3cm 올라가 뒷중심선쪽으로 1.3cm 간 지점(c)을 곡선 처리한다.

③ 옆목점에서 어깨선을 따라 0.6cm 간 지점(d)과 c 지점을 연결한다.

④ 어깨점에서 1cm 올라간 지점과 d를 연결한다 (이유 : 암홀 다트 접는 분량 때문).

⑤ b와 c를 이등분한 후 0.6cm 이동한 지점(e)과 a를 연결한다.

〈앞판 제도〉

① 기존의 어깨선을 연장한 후 1.5cm 평행선을 그린다.

② 옆목점에서 어깨선을 따라 0.6cm 간 지점(f)에서 뒷판 하이 네크라인 높이(c-d)와 같은 치수를 평행선과 만나게 그린다(f-g).

③ h 위치를 잡고 g 지점을 연결하는 곡선을 그린다.

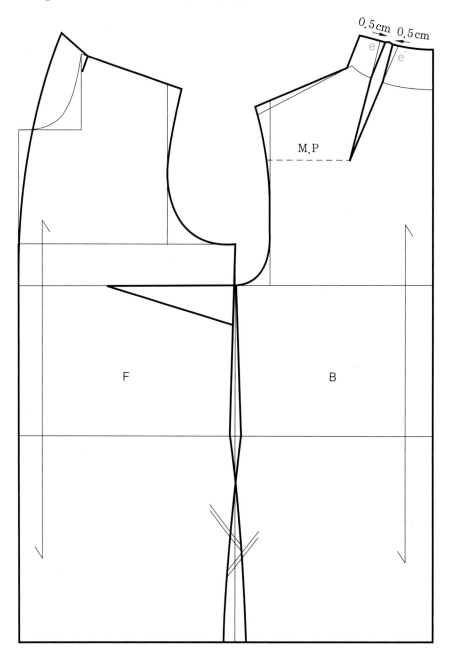

그림 49 **하이 네크라인 (2단계)**

〈네크라인 다트〉

① 네크라인 다트 중심선을 자른 후 암홀 다트를 접는다.

② e, e'지점에서 0.5cm씩 들어간 지점에서 네크라인 다트를 수정한다.

③ 네크라인 다트를 접어 목둘레선을 수정한다.

(3) 카울 네크라인 (Cowl Neckline) I

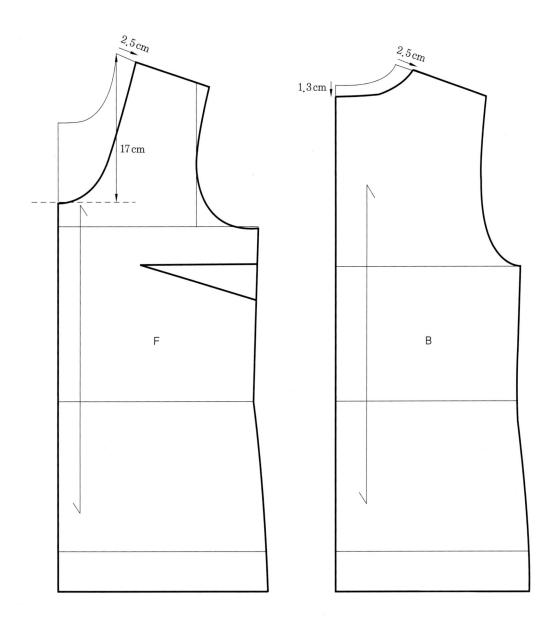

〈1단계〉

그림 50 **카울 네크라인 I (1)**

〈1 단계〉

① **앞목둘레선 수정** : 옆목점에서 2.5cm, 옆목점에서 17cm 내린 지점을 연결하는 목둘레선을 수정한다.

② **뒷목둘레선 수정** : 옆목점에서 2.5cm, 뒷목점에서 1.3cm 내려 목둘레선을 수정한다.

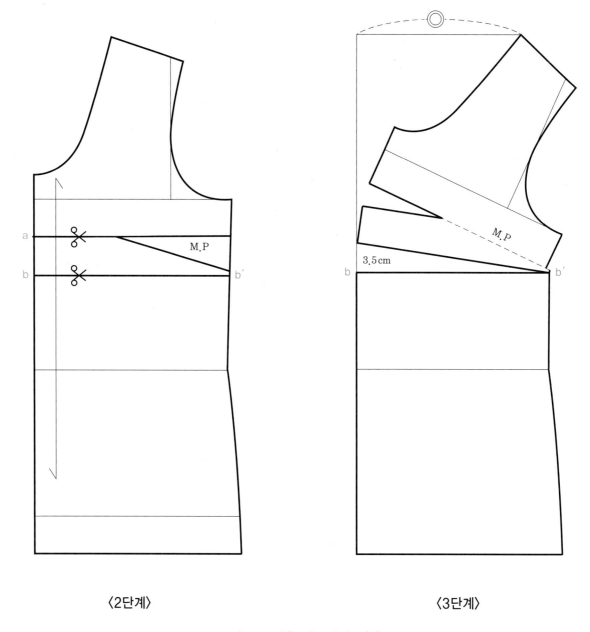

〈2단계〉　　　　　　　　　　　　　　　　　　〈3단계〉

그림 51 **카울 네크라인 I (2)**

〈2 단계〉

a지점에서 5cm 내린 지점(b)에서 수평선을 그린다(b-b´). 이 수평선의 위치에 따라서 카울 네크라
인의 드레이프 위치가 달라진다.

〈3 단계〉

① B.P점까지 자른 후 옆다트를 접는다.

② b-b´를 그림처럼 3.5cm 정도 벌린다. 벌리는 양은 절개선의 위치에 따라 달라질 수 있으며, 벌
　리면서 ◎ 의 길이가 앞목둘레선의 길이가 될 수 있도록 한다.

③ 앞중심선을 연장하여 그린 후 직각으로 옆목점과 연결한다.

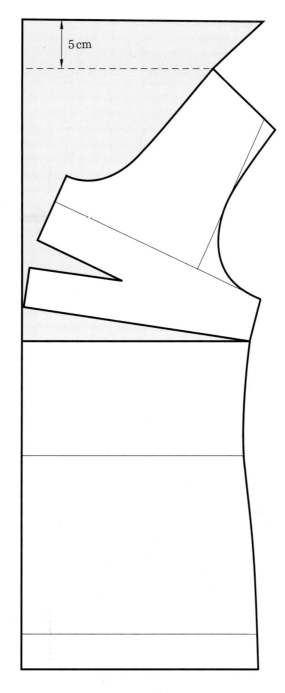

5 cm

〈4단계〉

그림 52 **카울 네크라인 I (3)**

〈4 단계〉

① 옆선을 수정한다.

② 안단 5cm를 그려준다.

(4) 카울 네크라인 (Cowl Neckline) II

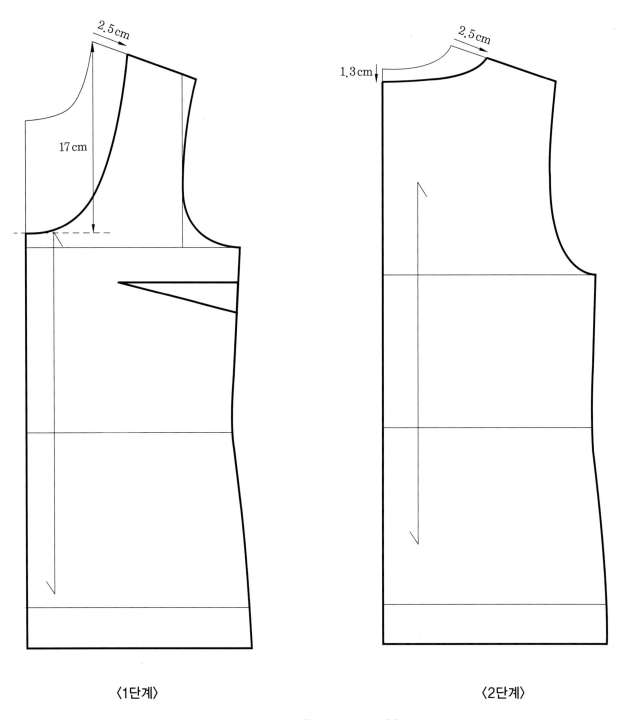

〈1단계〉   〈2단계〉

그림 53 **카울 네크라인 II (1)**

※ **상의 원형 (Fit형) 활용 (그림 12)**

〈1 단계〉

① **앞목둘레선 수정** : 옆목점에서 2.5cm, 옆목점에서 17cm 내린 지점을 연결하는 목둘레선을 수정한다.

② **뒷목둘레선 수정** : 옆목점에서 2.5cm, 뒷목점에서 1.3cm 내려 목둘레선을 수정한다.

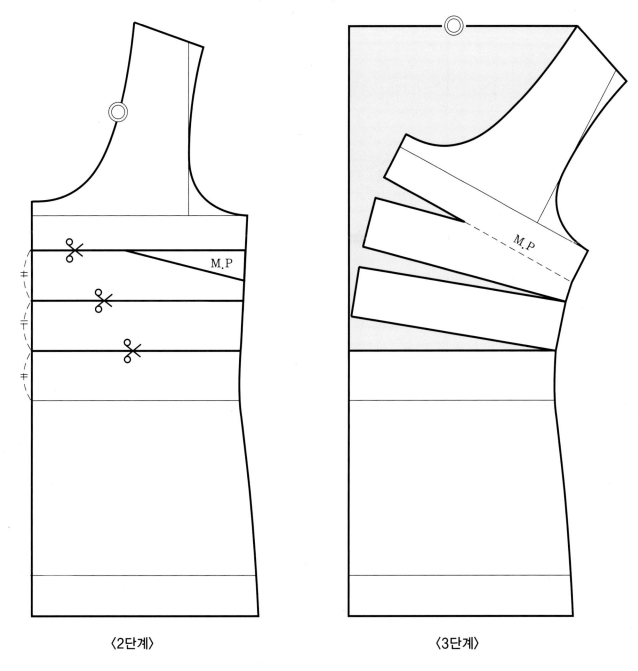

〈2단계〉　　　　　　　　　　　　〈3단계〉

그림 54 **카울 네크라인 II (2)**

〈2 단계〉

가슴선에서 허리선까지 3등분하여 절개선을 그린다.

〈3 단계〉

① B.P점까지 자른 후 옆다트를 접는다.

② 각각의 절개선을 벌려 ◎의 길이가 앞목둘레선의 길이와 동일한 치수가 되게 한다.

③ 앞중심선을 연장하여 그린 후 직각으로 옆목점과 연결한다.

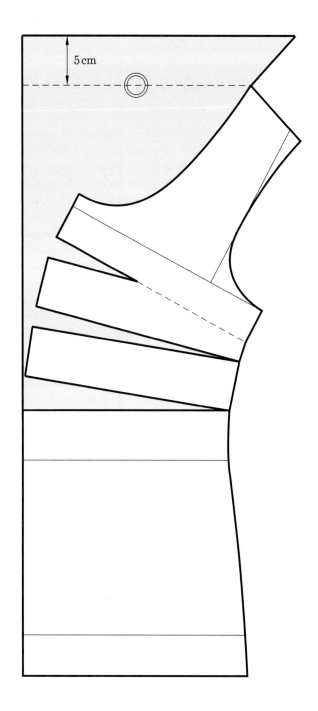

〈4단계〉

그림 55 **카울 네크라인 II (3)**

〈4 단계〉

① 옆선을 수정한다.

② 안단 5cm를 그려준다.

6-2 플랫 칼라 (Flat Collar)

(1) 수티엥 칼라 (Soutien Collar)

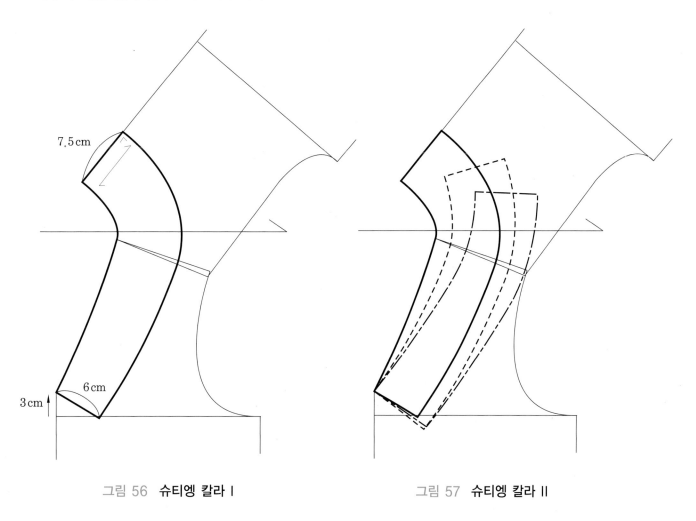

그림 56 **슈티엥 칼라 I**   그림 57 **슈티엥 칼라 II**

① 앞, 뒤 몸판의 어깨끝점이 0.6cm가 겹치도록 어깨선을 붙인다.

② 칼라폭 : 7.5cm

③ 칼라의 시작은 가슴둘레선에서 3cm 올라간 지점으로 한다.

> **tip** 목둘레선을 디자인에 따라 수정한 후 칼라를 그린다.

④ 칼라 외곽선을 접어서 세우는 칼라를 만들 수 있다.

(2) 피터팬 (Peter Pan Collar)

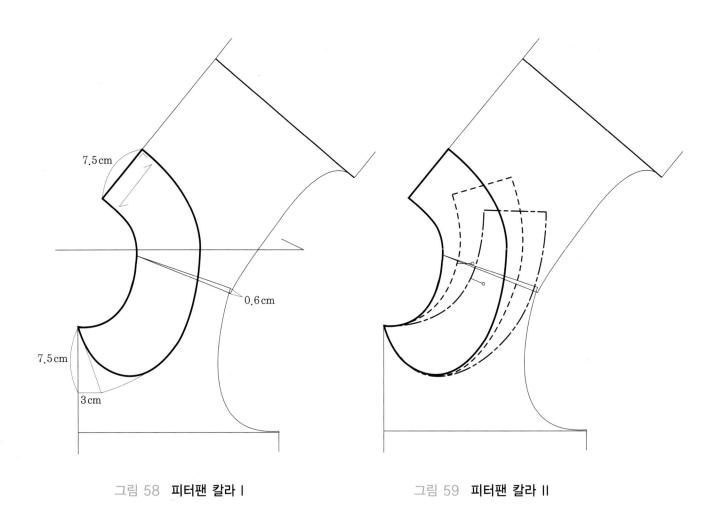

7.5cm

0.6cm

7.5cm

3cm

그림 58 **피터팬 칼라 I**

그림 59 **피터팬 칼라 II**

① 앞, 뒤 몸판의 어깨끝점이 0.6cm가 겹치도록 어깨선을 붙인다.

② 칼라폭 : 7.5cm

③ 앞목점에서 7.5cm 내려가 3cm 들어간 지점에서 칼라 외곽선을 그린다.

tip 목둘레선을 디자인에 따라 수정한 후 칼라를 그린다.

④ 칼라 외곽선을 접어서 세우는 칼라를 만들 수 있다.

(3) 세일러드 칼라 (Sailored Collar)

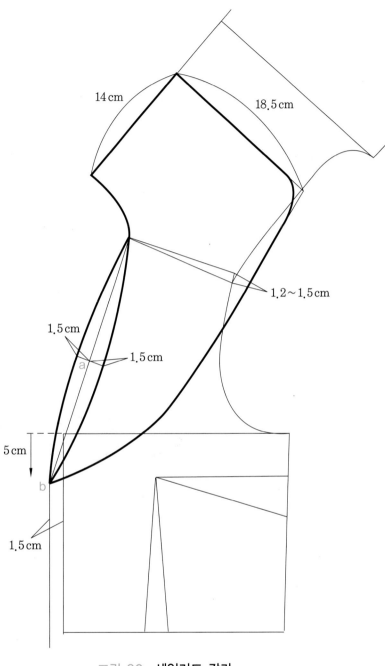

그림 60 **세일러드 칼라**

① 앞, 뒤 몸판의 어깨끝점이 1.2 ~ 1.5cm 가 겹치도록 어깨선을 붙인다.

② 옆목점과 가슴둘레선에서 5cm 내린 지점을 직선연결한 후 이등분(a)한다.

③ **칼라완성선** : 옆목점-이등분점(a)에서 1.5cm 나간 지점-b 연결

④ **몸판완성선** : 옆목점-이등분점(a)에서 1.5cm 들어간 지점-b 연결

⑤ 뒤목점에서 14cm 내리고 직각으로 18.5cm 간 지점에서 어깨 끝점에서 1.5cm 나간 지점을 연결
하는 뒷칼라 외곽선을 그린다.

⑥ 앞칼라는 그림과 같이 그린다.

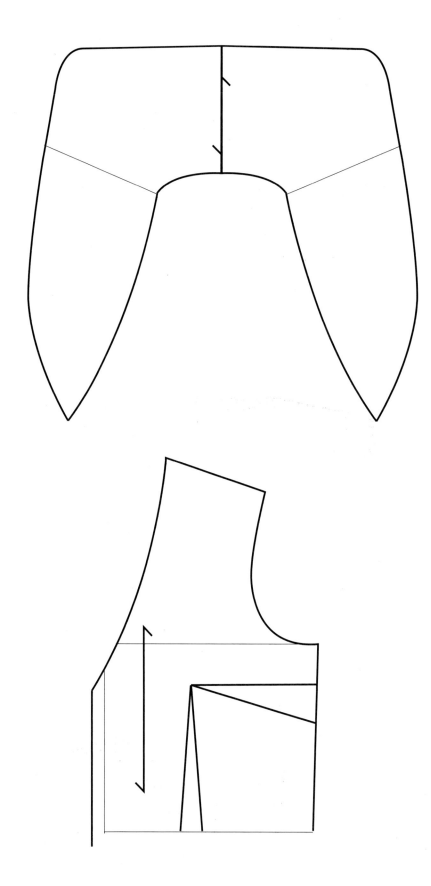

그림 61 세일러드 칼라 완성

6-3 스탠드 칼라 (Stand Collar)

(1) 차이니스 칼라 (Chiness Collar)

①

① 칼라넓이 : 4cm
   칼라길이 : 목둘레(뒷목둘레+앞목둘레)

②

②, ③ 앞목둘레를 5등분하여 절개선을 그리고 각
   절개선을 0.3cm씩 접는다.

③

> tip 목선의 형태나 디자인에 따라 접는 분량을 가감
> 하여 다양한 형태의 칼라를 제도한다.

④

④ 칼라 외곽선을 자연스러운 곡선으로 수정한다.

⑤

⑤ 앞부분을 곡선처리한다.

⑥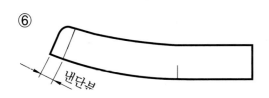

⑥ 몸판에 낸단분이 있을 경우, 칼라에도 그린다.

그림 62 **차이니스 칼라**

(2) 롤 칼라 (Roll Collar)

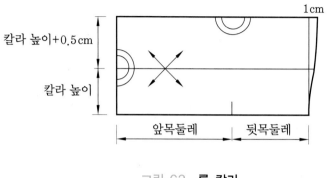

그림 63 **롤 칼라**

① 목둘레치수로 수평선을 그리고 원하는 칼라넓이(=5cm), 접히는 칼라넓이+0.5cm를 직각으로 올려 칼라를 그린다.

② 목밑둘레선이 보이지 않게 하기 위하여 뒷중심선에서 1cm 나간 후 곡선을 그린다.

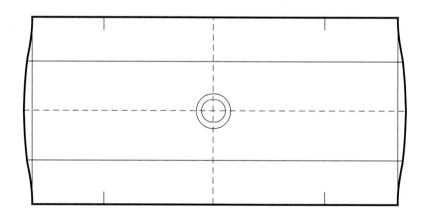

그림 64 **롤 칼라 완성**

6-4 **셔츠 칼라 (Shirts Collar)**

(1) 밴드와 칼라 외곽선의 길이가 같은 경우

※ 차이니스 칼라 원형 패턴을 이용 (그림 62)

뒤중심선에서 칼라높이를 그리고, 밴드의 앞중심선을 연장하여 칼라의 크기를 결정하여 칼라 외곽선을 그린다.

(2) 밴드의 길이보다 칼라 외곽선의 길이가 긴 경우

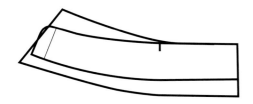

칼라를 절개하여 칼라 외곽선을 벌려준다.

(3) 밴드의 길이보다 칼라 외곽선의 길이가 짧은 경우

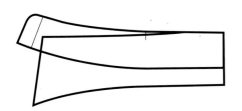

① 칼라를 절개하여 칼라 외곽선을 접어준다.
② 주로 단추를 풀어 입을 경우 외관이 좋다.

그림 65　**셔츠 칼라**

(1) 테일러드 칼라 (Tailred Collar)

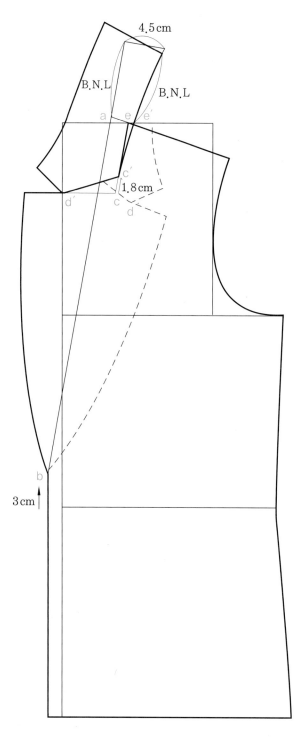

① 낸단분 : 1.5cm

② 옆목점 어깨연장선에서 2cm 나간 지점 (a)과 허리선에서 3cm 올라온 지점(b)을 연결하는 칼라 꺾임선을 그린다.

③ 칼라 꺾임선을 기준으로 원하는 테일러드 칼라의 모양을 그린 후 반전시킨다.

④ 옆목점(e)에서 칼라꺾임선과 편행한 선과 라펠선을 연장하여 만나는 선을 그린다(c).

⑤ c에서 1.8cm 올라간 지점(c')과 d'를 직선 연결한다.

⑥ a에서 뒷목둘레 치수만큼 간 후 직각으로 4.5cm 나간 지점과 c'를 곡선 연결한다.

⑦ 위에 그린 곡선에 c'-e 길이와 같은 길이 (c'-e')에 너치표시를 한다.

⑧ e'에서 뒷목둘레 치수만큼 간 지점에서 직각으로 칼라높이 치수를 그린 후 칼라 외곽선을 그린다.

tip 테일러드 칼라를 제도하는 경우, 칼라 꺾임선이 길게 내려갈수록 앞목너비를 뒷목너비에 비해 크게 제도해야 한다.

그림 66 **테일러드 칼라**

(2) 숄 칼라 (Shawl Collar)

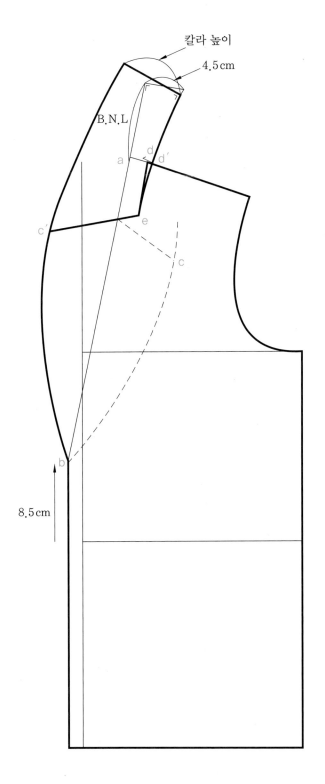

그림 67 숄 칼라

① 낸단분 : 1.5cm

② 옆목점 어깨연장선에서 2cm 나간 지점 (a)과 허리선에서 8.5cm 올라온 지점(b)을 연결하는 칼라 꺾임선을 그린다.

③ 칼라 꺾임선을 기준으로 원하는 숄칼라의 모양을 그린 후 반전시킨다.

④ 옆목점(d)에서 칼라 꺾임선과 편행한 선과 라펠선을 연장하여 만나는 선을 그린다(e).

⑤ a에서 뒷목둘레 치수만큼 간 후 직각으로 4.5cm 나간 지점과 e를 곡선 연결한다.

⑥ 위에 그린 곡선에 d-e 길이와 같은 길이 (d'-e)에 너치표시를 한다.

⑦ d'에서 뒷목둘레 치수만큼 간 지점에서 직각으로 칼라높이 치수를 그린 후 칼라 외곽선을 그린다.

(3) 컨버터블 칼라 (Convertible Collar)

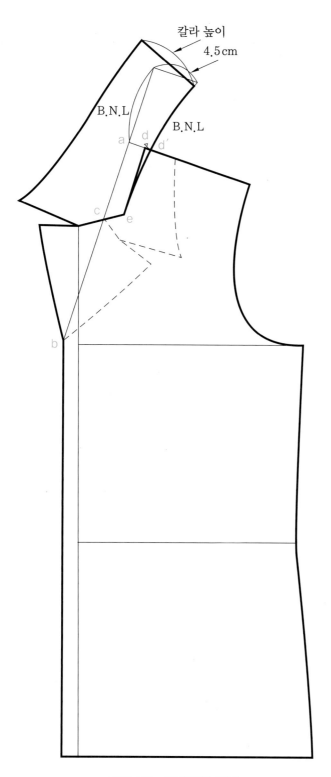

그림 68 **컨버터블 칼라**

① 낸단분 : 1.5cm

② 옆목점 어깨연장선에서 2cm 나간 지점 (a)과 가슴둘레선 지점(b)을 연결하는 칼라 꺾임선을 그린다.

③ 칼라 꺾임선을 기준으로 원하는 컨버터블 칼라의 모양을 그린 후 반전시킨다.

④ 옆목점(d)에서 칼라 꺾임선과 편행한 선과 라펠선을 연장하여 만나는 선을 그린다(e).

⑤ a에서 뒷목둘레 치수만큼 간 후 직각으로 4.5cm 나간 지점과 e를 곡선연결한다.

⑥ 위에 그린 곡선에 d-e 길이와 같은 길이(d'-e)에 너치표시를 한다.

⑦ d'에서 뒷목둘레 치수만큼 간 지점에서 직각으로 칼라높이 치수를 그린 후 칼라 외곽선을 그린다.

6-6 케이프 (Cape)

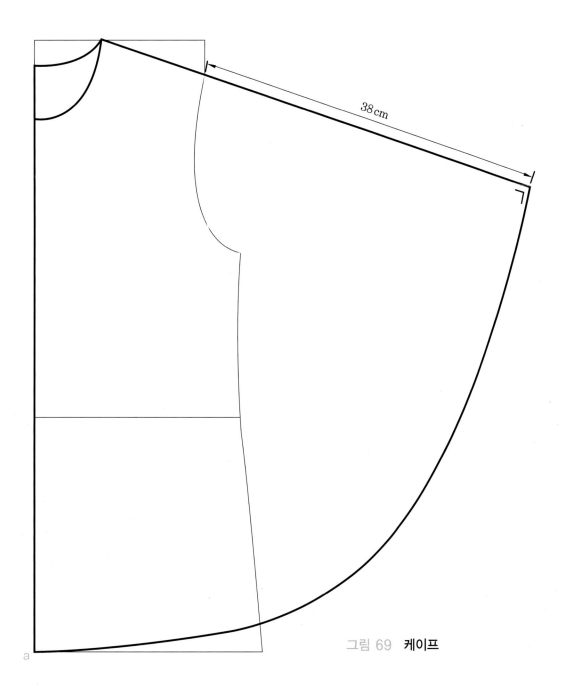

38 cm

a

그림 69 **케이프**

※ **상의 원형(box형) 활용 (그림 9)**

① 앞, 뒤 중심선에서 케이프 길이를 정한다(a).

② 어깨선을 연장한 후 어깨끝점에서 38cm 간 점에서 직각으로 a와 연결하는 곡선을 그린다.

6-7 후드 (Hood) I

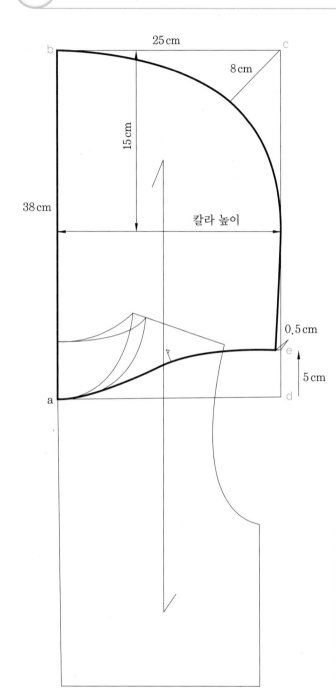

그림 70 **후드 I**

※기본 상의원형 패턴을 이용

① 어깨선상에서 옆목점으로부터 2.5cm 들어가 앞, 뒤목둘레선을 수정한다.

② 후드 안내선을 그린다. 후드 높이(a-b) : 28cm, 후드 넓이(b-c) : 25cm

③ a와 d에서 5cm 올라간 지점을 연결하는 곡선을 그린 후 너치표시(몸판에 옆목점 지점)를 한다.

④ b와 c에서 8cm 들어가고 d에서 5cm 올라가 0.5cm 들어간 지점을 연결하는 후드를 그린다.

tip 후드 높이는 머리정점까지의 길이이고 후드 넓이는 머리두께+여유분인데 통상적으로 후드 높이는 38cm, 후드넓이는 25cm 정도 면 무난하다. 또한 후드 디자인의 경우 대부분 목너비를 파서 넓게 하는 경우가 많으나 목너비를 넓게 하지 않을 경우 후드의 옆목점에 다트를 넣어 후드의 모양을 조절한다.

6-8 **후드 (Hood) II**

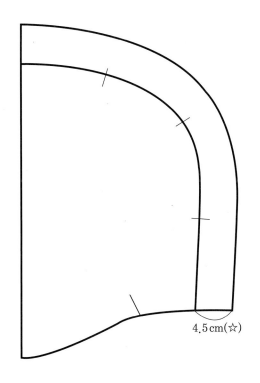

그림 71 **후드 II (1단계)**

4.5 cm(☆)

※ **후드 I 패턴을 이용 (그림 70)**

① 원하는 폭(4.5cm)의 절개선을 그
리고 중간중간에 너치표시를 한다.

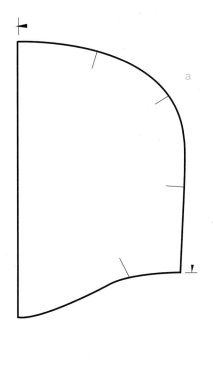

그림 72 **후드 II (2단계)**

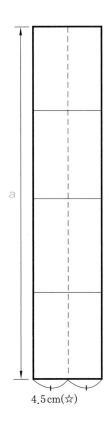

4.5 cm(☆)

② 길이 : 절개선의 길이(=a)
폭 : 폭(4.5cm)의 2배

③ 후드의 너치길이에 맞게 너치표
시를 한다.

스커트 (Skirt)

7-1 기본 스커트(Basic Skirt)

(1) 기초선 제도

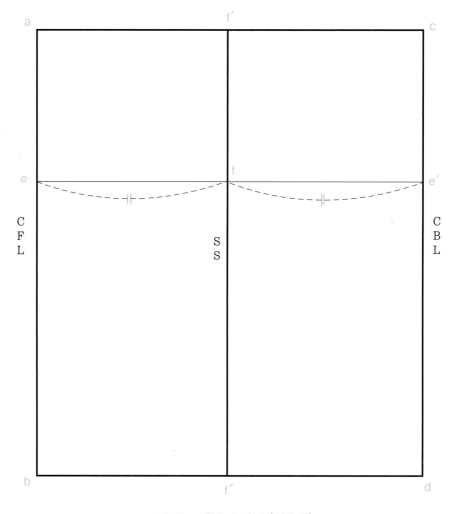

그림 73 **기본 스커트 (기초선)**

① 스커트길이(a-b) : 56cm

② 스커트폭(a-c) : H/2

③ 엉덩이길이(a-e) : 18cm

④ 옆선(f'-f") : 스커트폭(a-c)을 이등분 한후 수직선을 그린다.

(2) 완성선 제도

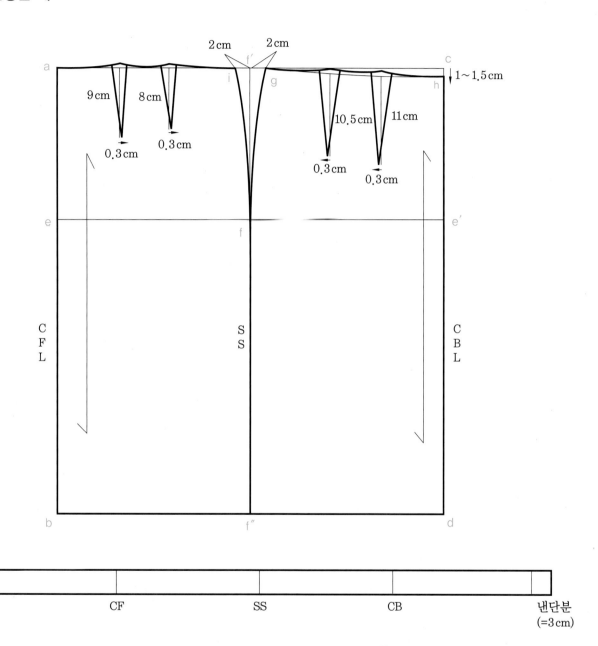

그림 74　**기본 스커트 (완성선)**

〈뒤판 제도〉

① f'에서 2cm 들어간 지점(g)과 엉덩이둘레선상의 옆선(f)를 곡선 연결하여 옆선을 그린다.

② 허리중심선(c)에서 1~1.5cm 내린 후 g와 연결하는 뒤판허리선을 그린다.

③ 뒤다트량 : g-h에서 W/4 치수를 뺀 나머지량

> **tip**　중심다트가 옆선다트보다 다트량이 많아야 한다. 예를 들어 4.1cm인 경우, 중심다트 2.1cm, 옆다트 2cm를 준다.

④ 다트 그리기

- **중심다트** : 뒤중심선(h)에서 6.5cm 들어가 중심선을 그린다. 다트길이 11cm을 그린 다음 옆 선 쪽으로 0.3cm 정도 이동하여 다트 끝점으로 잡은 후 다트를 그린다.
- **옆다트** : 중심다트에서 4cm 떨어진 위치에서 다트량을 잡는다. 다트량을 이등분한 후 다트 중심 선을 그린다. 다트길이 10.5cm을 그린 다음 옆선쪽으로 0.3cm 정도 이동하여 다트 끝점으로 잡은 후 다트를 그린다.

> **tip** 다트 위치를 3등분하여 제도하기보다는 중심다트는 중심선에서 7~7.5cm 떨어지게 하고, 옆다트는 4~5cm 떨어지게 하는 것이 좋다.

〈앞판 제도〉

① f'에서 2cm 들어간 지점(i)과 엉덩이둘레선상의 옆선(f)를 곡선 연결하여 옆선을 그린다.
② 뒤다트량 : a-i에서 W/4 치수를 뺀 나머지량
                    중심다트량이 옆다트량보다 많아야 한다.

③ 다트 그리기

- **중심다트** : 앞중심선(a)에서 7cm 들어가 중심선을 그린다. 다트길이 9cm을 그린 다음 옆선쪽으로 0.3cm 정도 이동하여 다트 끝점으로 잡은 후 다트를 그린다.
- **옆다트** : 중심다트에서 4.5cm 떨어진 위치에서 다트량을 잡는다. 다트량을 이등분한 후 다트 중심선을 그린다. 다트길이 8cm을 그린 다음 옆선쪽으로 0.3cm 정도 이동하여 다트 끝점으로 잡은 후 다트를 그린다.

〈허리 밴드〉

① 허리 밴드폭 : 3cm
② 허리 밴드길이 : 허리둘레 + 낸단분(=3cm)

7-2 타이트 스커트 (Tight Skirt)

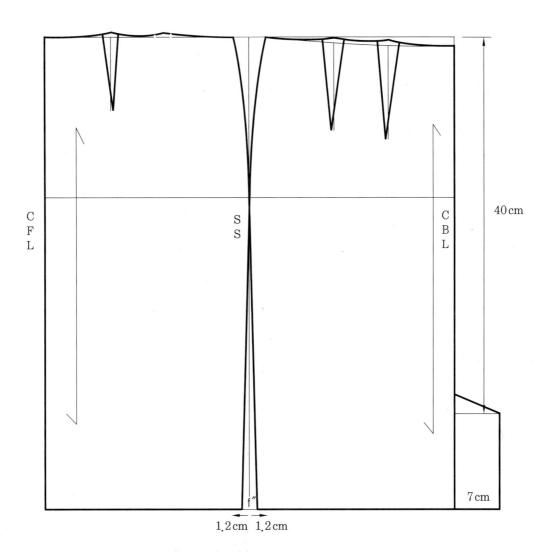

그림 75 **타이트 스커트**

※ **기본 스커트 패턴을 활용 (그림 74)**

① **밑단폭** : 기본 스커트 밑단폭에서 1.2cm 정도를 줄인다. (디자인에 따라 조금 더 들어갈 수도 있다.)

② **뒤트임** : 뒤트임 폭은 7cm, 뒤트임의 위치는 허리선에서 40cm 내린 지점으로 한다.

7-3   골반 스커트

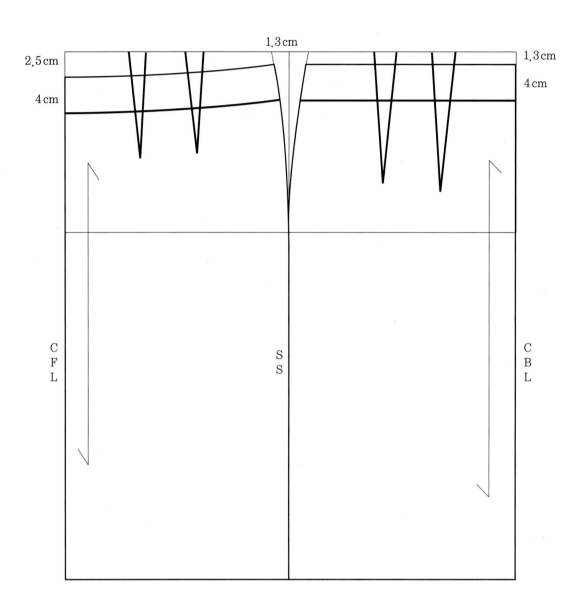

그림 76 **골반 스커트 (1단계)**

※ 기본 스커트 패턴을 활용 (그림 74)

① 골반 위치 : 앞중심 – 2.5cm, 옆선 – 1.3cm, 뒤중심 – 1.3cm

② 밴드폭 : 4cm

③ 다트 길이 조정

   〈앞〉 : 중심다트 – 11.5cm, 옆다트 – 10.5cm

   〈뒤〉 : 중심다트 – 15cm, 옆다트 – 14cm

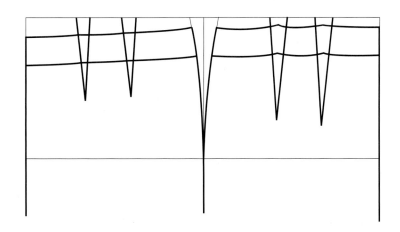

그림 77 **골반스 커트 (2단계)**

④ 다트를 접어 허리선과 허리밴드선을 수정한다.

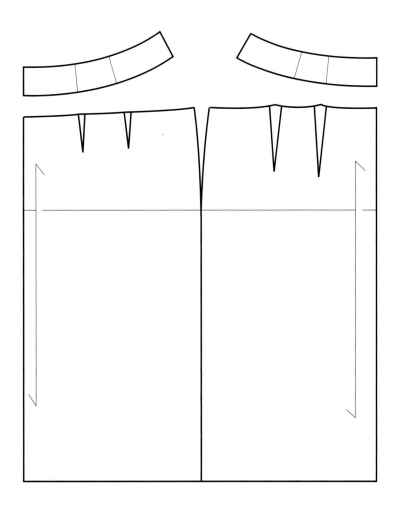

그림 78 **골반 스커트 (완성 패턴)**

7-4 A라인 스커트 (A-Line Skirt)

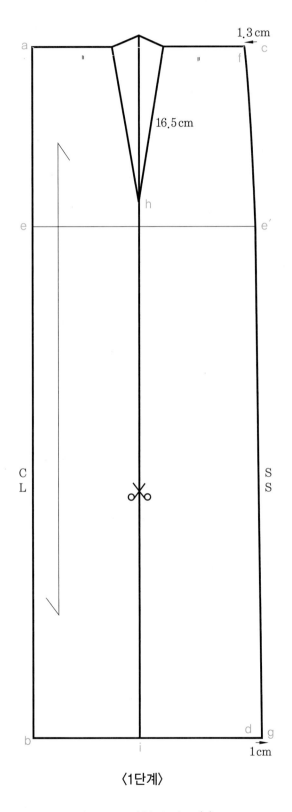

〈1단계〉

그림 79 A라인 스커트 (1)

※ **기본 스커트 패턴을 활용 (그림 74)**

〈1 단계〉

① **스커트길이**(a-b) : 73.5cm

② **스커트폭**(a-c) : H/4

③ **엉덩이길이**(a-e) : 18cm

④ **옆선** : c지점에서 1.3cm(f) 들어간 지점
　　　　과 엉덩이둘레선상의 옆선(e')을
　　　　연결하는 곡선을 그린다. 엉덩이
　　　　둘레선상의 옆선(e')과 밑단선에
　　　　서 1cm 나간 지점(g)을 직선 연
　　　　결한다.

⑤ **다트** : 허리둘레선(a-f)을 이등분하여
　　　　밑단선까지 수직으로 내린다.

다트길이 : 16.5cm

다트량 : a-c에서 W/4 치수만큼을 뺀 양.

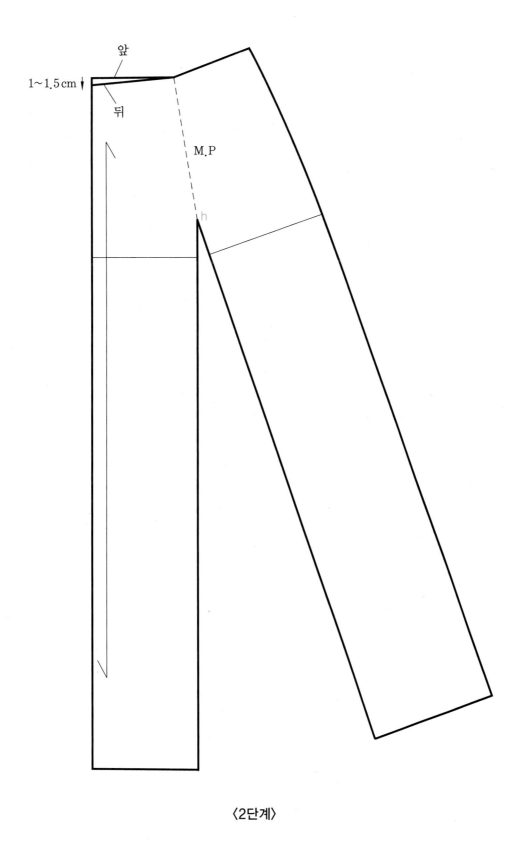

〈2단계〉

〈2 단계〉

① 밑단선에서 다트 끝점까지(h-i) 자른 후 다트를 접는다.

② **뒤허리선 수정** : 허리선에서 1~1.5cm 내린 지점에서 허리선을 수정한다.

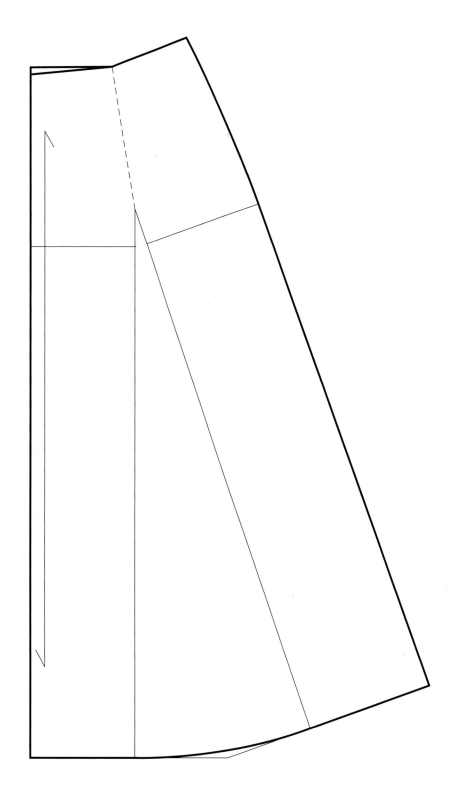

그림 80 **A라인 스커트 (2)**

⟨3 단계⟩

각진 밑단을 정리한다.

7-5 **플레어 스커트(Flare Skirt)**

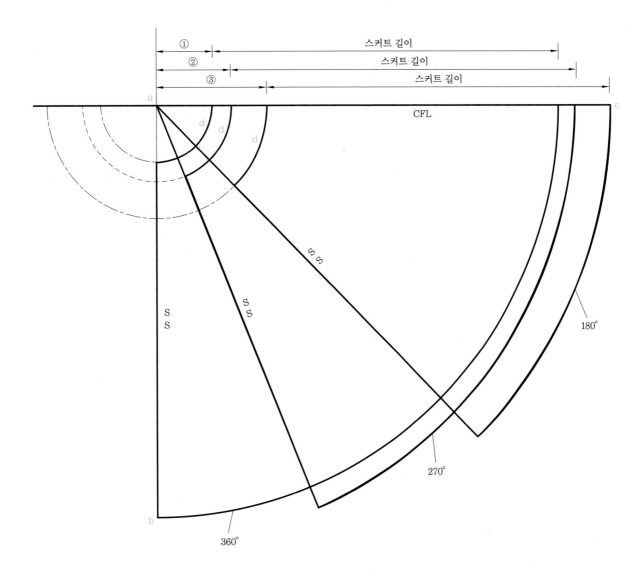

그림 81 **플레어 스커트**

① 90° 직각선을 그린다 (a-b, a-c).

② 허리둘레(d) : W/4-1.3cm

③ 허리둘레선의 위치 결정

  360° : 2a÷3.14

  270° : 3a÷3.14

  180° : 4a÷3.14

  예를 들어 허리둘레 67cm인 경우

  360° : 2a÷3.14 = 9.8 cm

  270° : 3a÷3.14 = 14.8 cm

  180° : 4a÷3.14 = 19.7 cm

tip 플레어 스커트에서는 뒤중심선을 내려주기보다는 밑단쪽에서 길이를 조절해 주는 것이 플레어의 모양이 좋다. 허리선에서 내려주면 플레어가 중심쪽으로 몰리는 현상이 나타난다.

7-6 고어드 스커트 (Gored Skirt)

(1) 6쪽 고어드 스커트 (6-Gored Skirt)

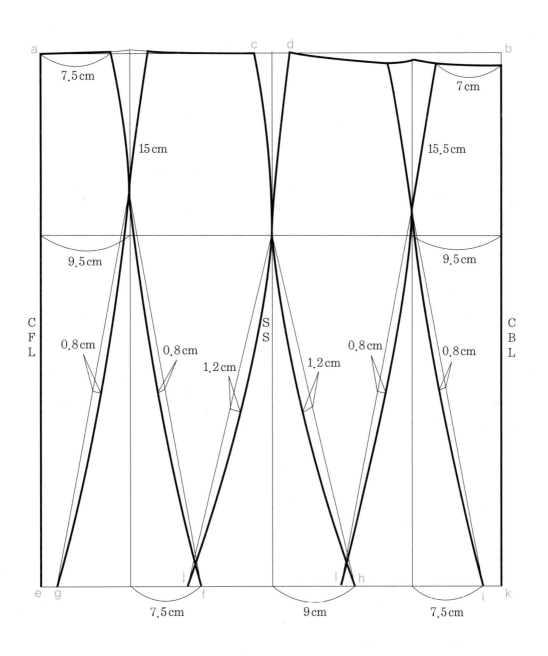

그림 82 **6쪽 고어드 스커트 (1)**

※ 기본 스커트 패턴을 활용 (그림 74)

〈1 단계〉

① **고어드 스커트 위치**

　　〈앞〉 앞중심(a)에서 7.5cm

　　〈뒤〉 뒤중심(b)에서 7cm

② **허리다트량**

　　〈앞〉 a-c에서 W/4 치수만큼을 뺀 양.

　　〈뒤〉 b-d에서 W/4 치수만큼을 뺀 양.

③ **고어드 중심선** : 허리둘레선상의 다트중심, 엉덩이둘레선상의 앞중심에서 9.5cm 들어간 지점을 직선 연결하여 밑단까지 그린다.

④ **허리다트 길이**

　　〈앞〉 15cm

　　〈뒤〉 15.5cm

⑤ **고어드선 그리기**

　　〈앞〉 앞허리다트 끝점과 밑단선상의 고어드 중심선에서 각각 7.5cm 나간 지점(f, g)을 직선 연결하여 이등분한 후 0.8cm 나가 곡선처리한다.

　　〈옆〉 엉덩이둘레선상의 옆선에서 밑단선상의 고어드 중심선에서 각각 9cm 나간 지점(j, h)을 직선 연결하여 이등분한 후 1.2cm 나가 곡선처리한다.

　　〈뒤〉 뒤허리다트 끝점과 밑단선상의 고어드 중심선에서 각각 7.5cm 나간 지점(i, l)을 직선 연결하여 이등분한 후 0.8cm 나가 곡선처리한다.

tip 고어드 스커트에서 가장 중요한 것은 디자인의 실루엣에 따라 플레어 양과 플레어가 시작되는 위치를 설정하는 것이다.

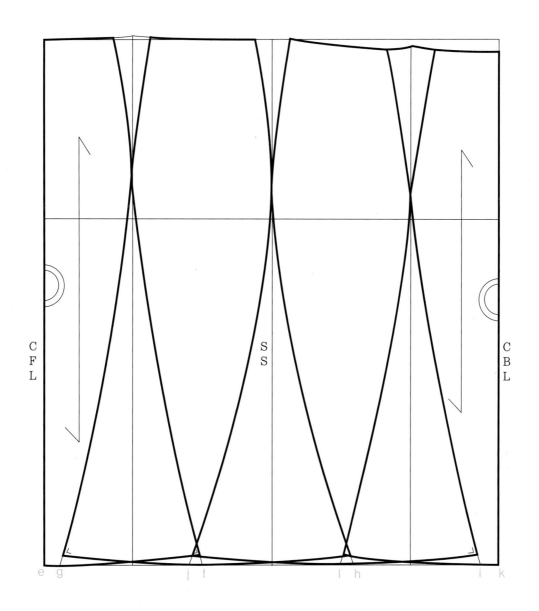

그림 83 **6쪽 고어드 스커트 (2)**

〈2 단계〉

밑단 정리 : e-f, g-h, j-i, l-k 고어드선 밑단이 직각이 되도록 밑단을 수정한다.

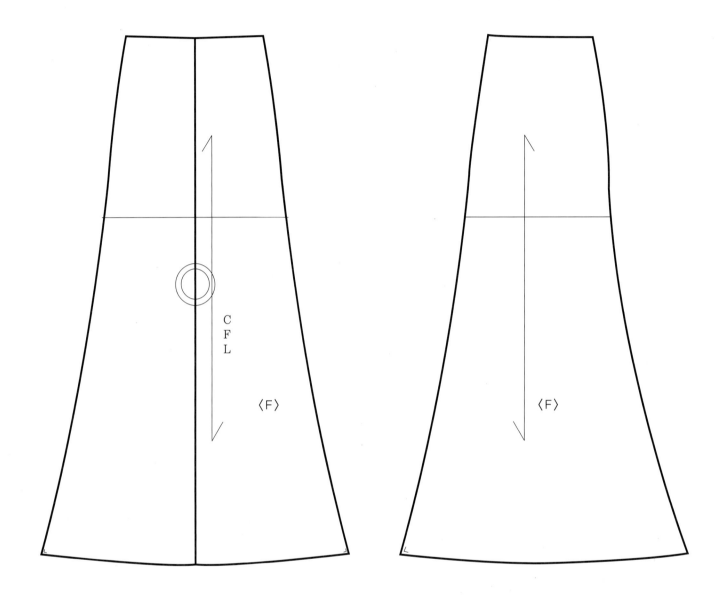

그림 84 6쪽 고어드 스커트 완성

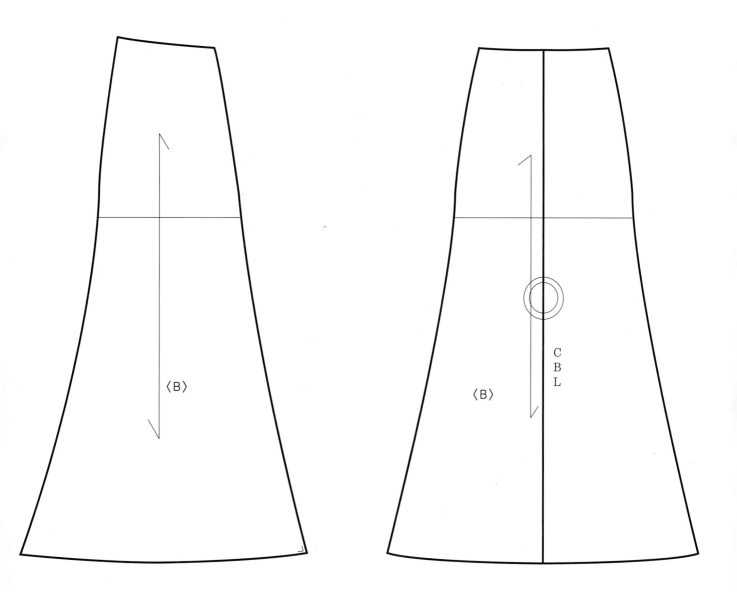

그림 84 6쪽 고어드 스커트 완성

(2) 8쪽 고어드 스커트 (8-Gored Skirt)

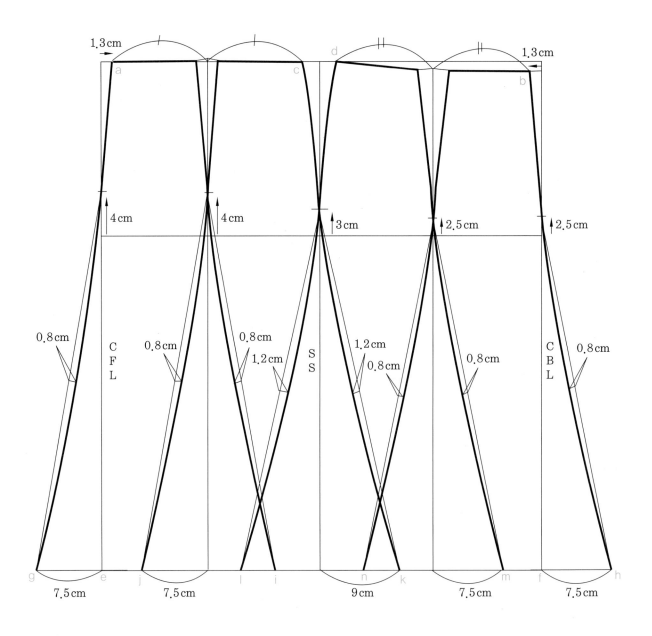

그림 85 8쪽 고어드 스커트 (1)

※ 기본 스커트 패턴을 활용 (그림 74)

〈1 단계〉

① 앞, 뒤중심에서 1.3cm 들어간 지점을 a, b라고 한다.

② 고어드 중심선

　〈앞〉 앞허리둘레선(a-c)을 이등분하여 밑단까지 직선 연결한다.

　〈뒤〉 뒤허리둘레선(b-d)을 이등분하여 밑단까지 직선 연결한다.

③ 허리다트량

　〈앞〉 a-c에서 W/4 치수만큼을 뺀 양

　〈뒤〉 b-d에서 W/4 치수만큼을 뺀 양

④ 다트 그리기

　〈앞〉 앞중심다트는 a와 엉덩이둘레선상에서 4cm 올라간 지점

　　　 앞허리다트는 허리다트와 엉덩이둘레선상에서 4cm 올라간 지점

　　　 옆선다트는 c와 엉덩이둘레선상에서 3cm 올라간 지점

　〈뒤〉 뒤중심다트는 b와 엉덩이둘레선상에서 2.5cm 올라간 지점

　　　 앞허리다트는 허리다트와 엉덩이둘레선상에서 2.5cm 올라간 지점

　　　 옆선다트는 c와 엉덩이둘레선상에서 3cm 올라간 지점

⑤ 고어드선 그리기

　〈앞〉 앞중심다트 끝점과 밑단선상의 고어드 중심선에서 7.5cm 나간 지점(g)을 직선 연결하여 이
　　　 등분한 후 0.8cm 나가 곡선처리한다. 앞허리다트 끝점과 밑단선상의 고어드 중심선에서 각
　　　 각 7.5cm 나간 지점(j, i)을 직선연결 하여 이등분한 후 0.8cm 나가 곡선처리한다.

　〈옆〉 옆선다트 끝점과 밑단선상의 고어드 중심선에서 각각 9cm 나간 지점(k, l)을 직선 연결하여
　　　 이등분한 후 1.2cm 나가 곡선처리한다.

　〈뒤〉 뒤중심다트 끝점과 밑단선상의 고어드 중심선에서 7.5cm 나간 지점(h)을 직선 연결하여 이
　　　 등분한 후 0.8cm 나가 곡선처리한다. 뒤허리다트 끝점과 밑단선상의 고어드 중심선에서 각
　　　 각 7.5cm 나간 지점(m, n)을 직선 연결 하여 이등분한 후 0.8cm 나가 곡선처리한다.

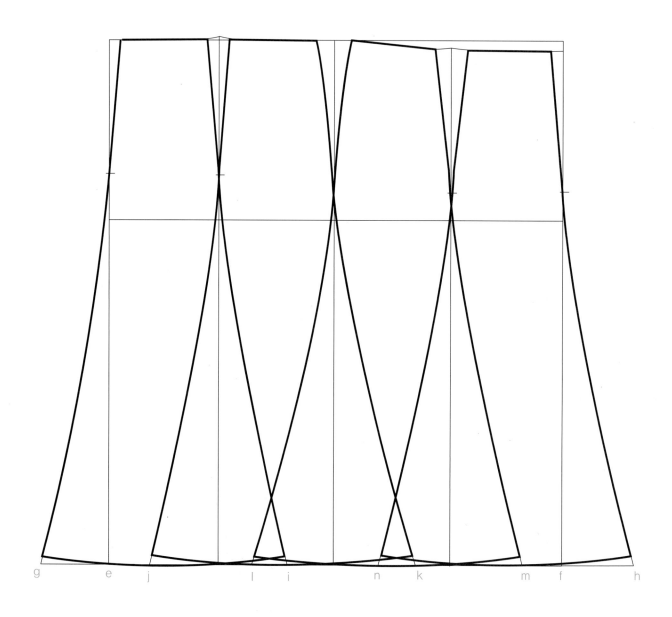

그림 86 **8쪽 고어드 스커트 (2)**

〈2 단계〉

밑단 정리 : g-i, j-k, l-m, n-h 고어드선 밑단이 직각이 되도록 밑단을 수정한다.

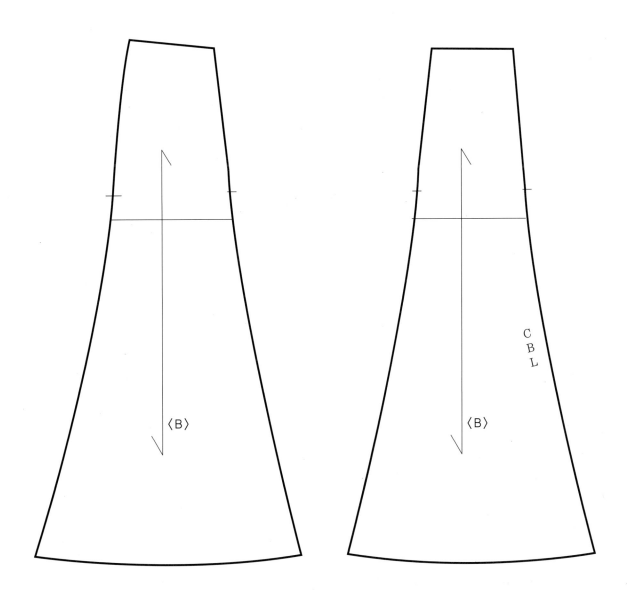

그림 87 **8쪽 고어드 스커트 완성**

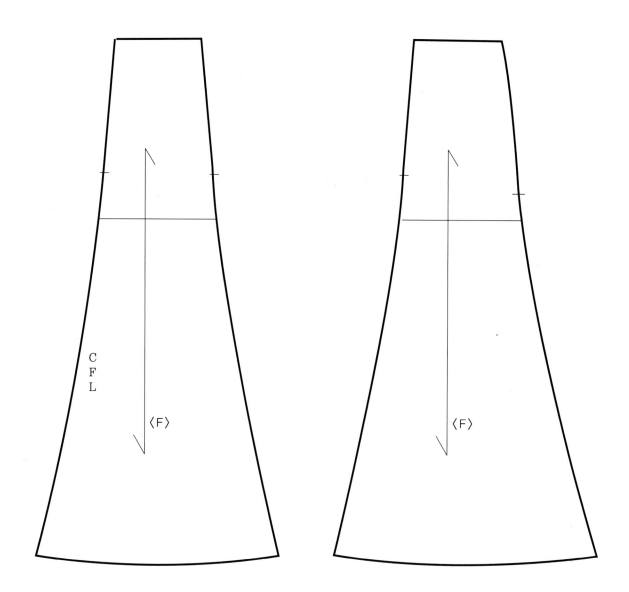

그림 87 8쪽 고어드 스커트 완성

(3) 12쪽 고어드 스커트 (12-Gored Skirt)

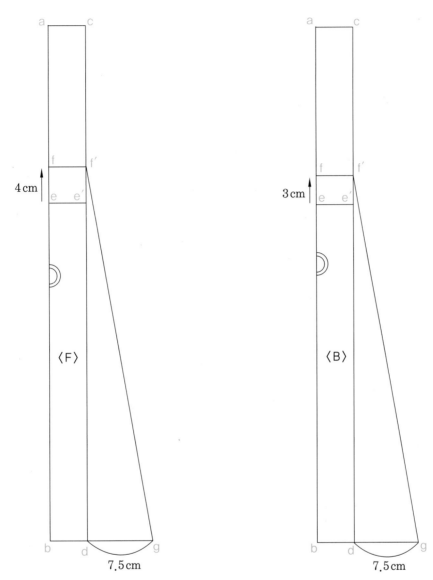

그림 88 12쪽 고어드 스커트 (1)

※ 기본 스커트 패턴을 활용 (그림 74)

〈1 단계〉

① 앞판

    스커트길이(a-b) : 56cm   스커트폭(a-c) : H/24   엉덩이길이(a-e) : 18cm

    플레어 시작점으로 엉덩이둘레선상에서 4cm 올라간 지점으로 한다.

    밑단옆선(d)에서 7.5cm 나간 지점과 f'와 직선 연결한다.

② **뒤판** : 앞판과 같은 방법으로 제도하며, 플레어 시작점으로 엉덩이둘레선상에서 3cm 올라간
        지점으로 한다.

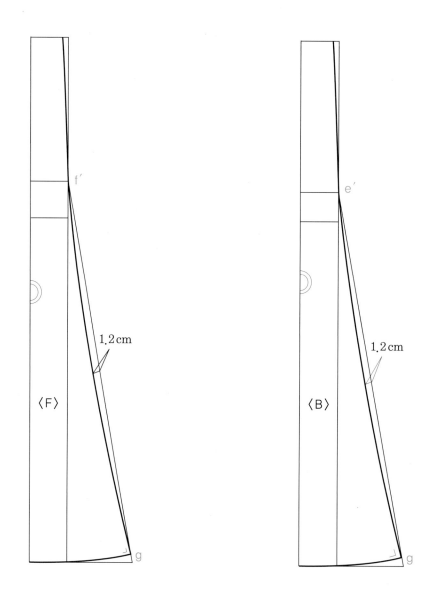

그림 89 **12쪽 고어드 스커트 (2)**

〈2 단계〉

앞, 뒤 f'와 g를 이등분한 후 1.2cm 나가 곡선처리한다.

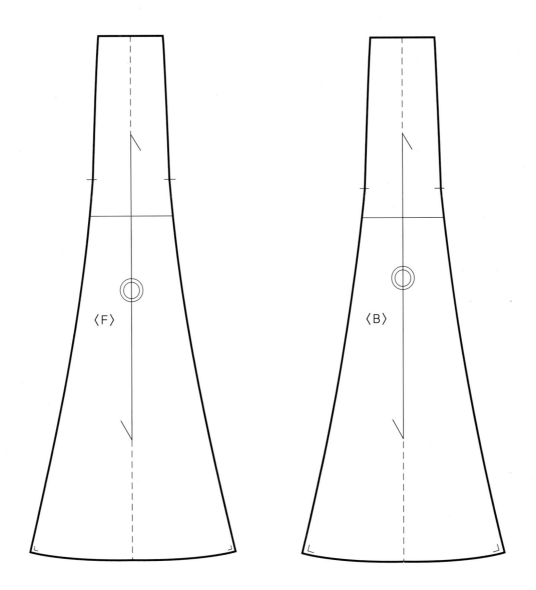

그림 90 **12쪽 고어드 스커트 완성 패턴**

7-7 디바이드 스커트 (Divided Skirt)

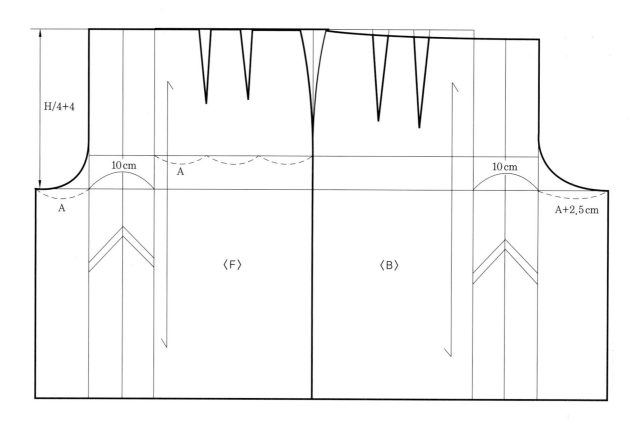

그림 91 **디바이드 스커트**

※ 기본 스커트 패턴을 활용 (그림 74)

① 맞주름폭 : 10cm

② 밑위길이 : H/4+4cm

③ 샅폭 : 〈앞〉 엉덩이둘레선 1/3분량(A)

　　　　 〈뒤〉 A+2.5cm

> **tip** 밑위길이 설정 시 기본적으로 H/4으로 적용하지만 엉덩이둘레 치수가 커진다고 해서 밑위길이가 비례적으로 길어지는 것이 아니기 때문에 밑위길이를 계측해서 제도하는 것이 좋다.

7-8 　개더 스커트 (Gathers Skirt)

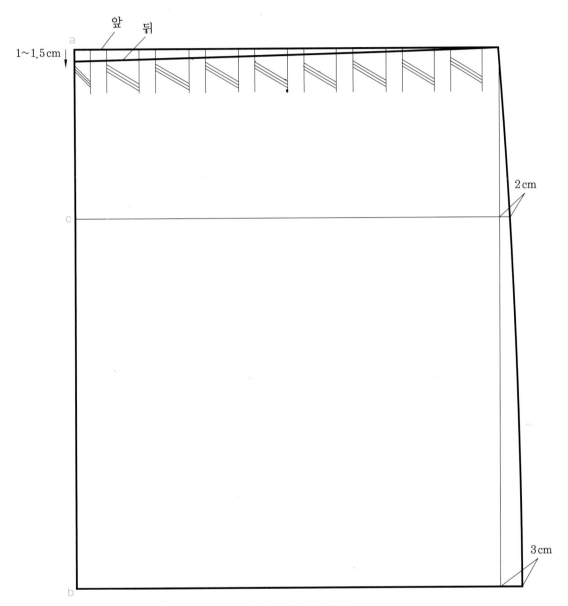

그림 92 **개더 스커트**

① 스커트길이(a-b) : 56cm

② 스커트폭 : 주름 수와 개더 분량을 결정하여 스커트폭을 결정한다.

- 주름분 : 허리둘레 67cm, 주름 수 9개인 경우

　　　67÷4=16.75cm, 16.75cm÷주름 수 9개≒1.9cm

- 개더 분량 : 주름분의 두배가 적당하다.

③ 엉덩이길이(a-c) : 18cm

④ 옆선 : 엉덩이둘레선에서 2cm, 밑단에서 3cm 나가 옆선을 그린다.

> **tip** 원단의 폭에 따라 개더 분량을 조절한다.

7-9 플리츠 스커트 (Pleats Skirt)

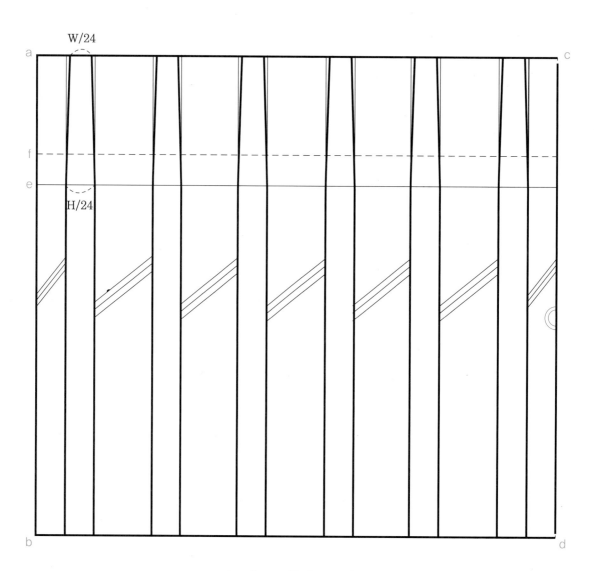

그림 93 **플리츠 스커트**

① 스커트길이(a-b) : 56cm

② 스커트폭(a-c) : H/4+48cm(8cm, 주름 6개), 전체 주름 24개

③ 엉덩이길이(a-e): 18cm

④ 주름박음선(a-f) : 12.5cm(디자인에 따라 위치는 변경)

> **tip** 제도하기 전에 먼저 해야 할 일은 주름폭(=4cm)을 결정하는 것이다. 엉덩이둘레 치수를 주름폭으로 나누
> 면 주름의 개수가 나온다. 주름폭의 2배 분량을 주름분으로 하여 벌려주면 된다(원단의 폭은 엉덩이둘레의
> 3배 정도가 들어가지만 기본 폭이 정해져 있는 관이 정해져 있는 관계로 주름 분량을 2배가 못되게 주는
> 경우도 있다).
> 예를 들어, 엉덩이둘레를 96cm, 주름폭 : 4cm로 제도시
> 　　　　주름의 개수 : 96÷4=24개
> 　　　　필요한 원단폭 : 288cm(시접분은 제외)

7-10 드레이프 스커트 (Draped Skirt)

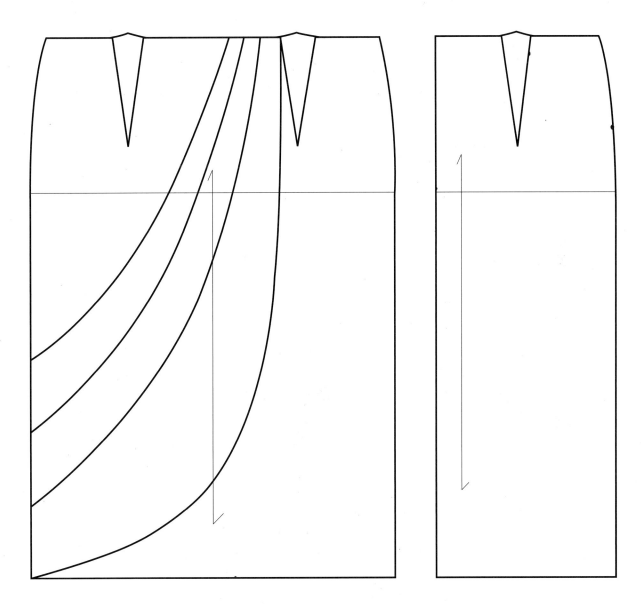

그림 94   드레이프 스커트 (1)

※ 기본 스커트 패턴을 활용 (그림 74)

〈1 단계〉

원하는 드레이프선을 그린다.

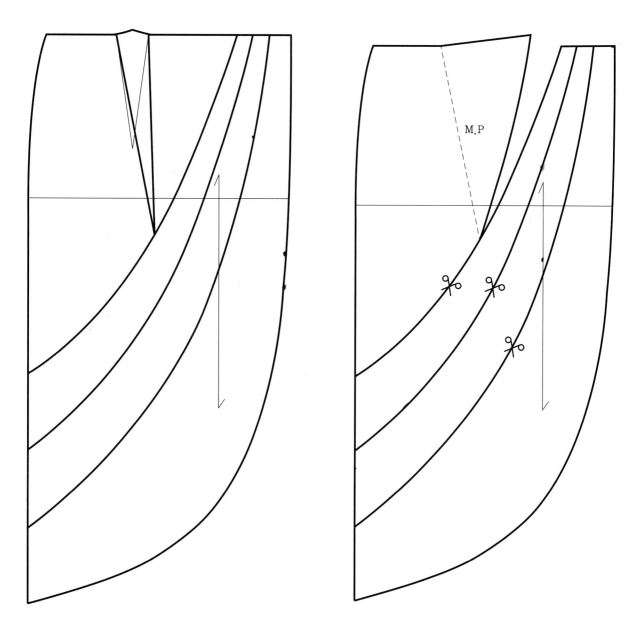

그림 95 **드레이프 스커트 (2)**

〈2 단계〉

다트 끝점을 드레이프선(절개선)에 만나게 하여 다트를 접는다.

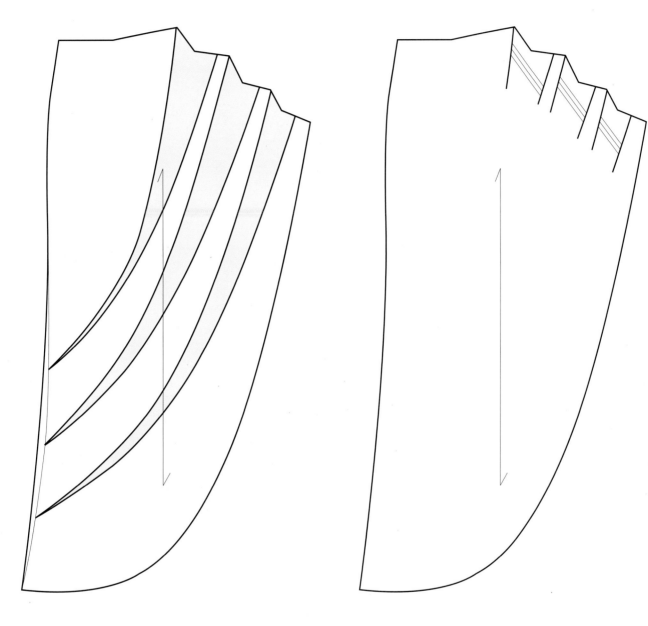

그림 96 드레이프 스커트 (3)　　　　　　그림 97 드레이프 스커트 완성 패턴

〈3 단계〉

• 원하는 드레이프량만큼 벌려준다.

• 허리선부분을 살짝 당기면서 드레이프를 접어 허리선을 수정한다.

tip　곡선으로 절개해서 드레이프량을 벌릴 경우 종이를 접으면 허리선이 일치하지 않지만 원단의 경우 끌어 당
　　　겨 허리선을 맞추어야 일직선(사선)의 주름이 아닌 원형(곡선)의 드레이프 모양을 살릴 수 있다.

CHAPTER 08

바지 (Pants)

8-1 기본 바지(Basic Pants)

(1) 앞판 제도 – 기초선

① a–b : 바지길이

② a–c : 엉덩이길이

③ a–d : 밑위길이 또는 H/4+1cm

④ c–e : H/4−1cm

⑤ **앞샅폭**(e'–f) : H/24−1cm 또는 3cm

⑥ **앞주름선** : d–f를 이등분하거나 0.3cm 이동한 지점(g)에서 허리선에서 밑단까지 수직선을 그린다 (g'–g").

> **tip** 앞주름선의 경우 일자형 바지는 이등분하고 무릎선이 타이트하게 되는 경우에는 0.3cm 이동한다.

⑦ **무릎길이**(a–h) : d–b를 이등분한 후 5cm 올린 지점 또는 d에서 30cm를 내린 지점

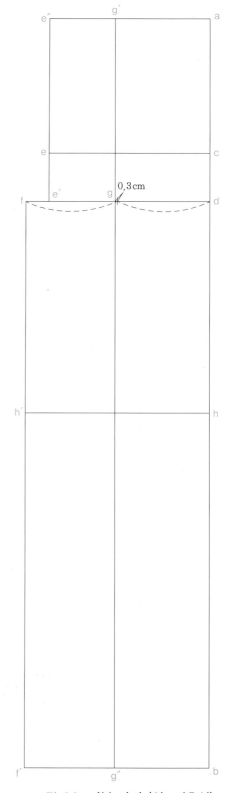

그림 98 **기본 바지 (앞, 기초선)**

(1) 앞판 제도 – 완성선

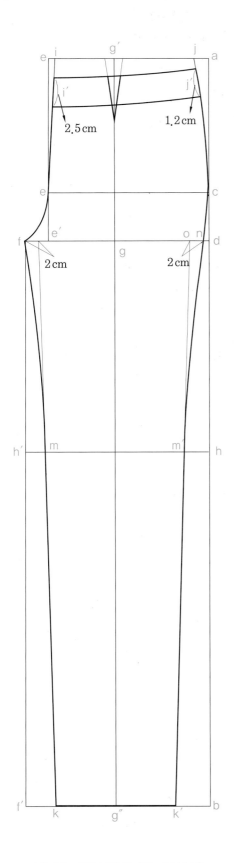

그림 99 **기본 바지 (앞, 완성선)**

① e″에서 1cm 들어간 지점(i)과 e지점을 직선 연결한다.

② 앞샅선(e–f)을 연결하는 곡선을 그린다.

③ i–j : W/4+다트량(=2cm)

④ **바지부리**(k–k′) : 16.5cm

⑤ **밑아래선 그리기**

- f에서 2cm 들어간 지점(l)과 k를 직선 연결한다.
- m과 f를 연결하는 곡선을 그린다.

⑥ **옆선 그리기**

- g–n : f–g와 같은 치수
- n에서 2cm 들어간 지점(o)과 k′를 직선 연결한다.
- m′–n, n–c를 연결하는 곡선을 그린다.
- j–c를 연결하는 곡선을 그린다.

⑦ **허리다트 그리기**

- 다트량 : 2cm
- 다트길이 : 7.5cm

⑧ **허리선 그리기** : i에서 2.5cm 내린 지점과 j에서 1.2cm 내린 지점을 곡선 연결한다.

⑨ **허리밴드폭** : 4cm

(2) 뒤판 제도 - 완성선

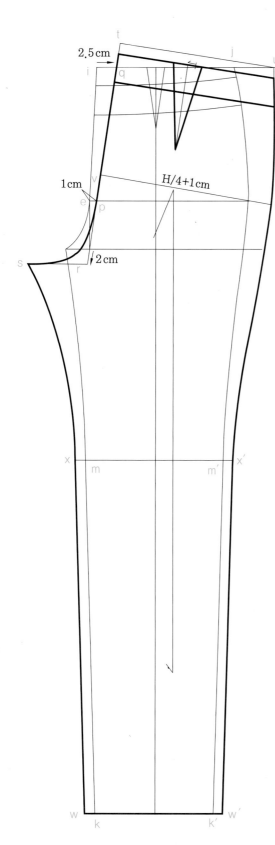

2.5 cm

1cm

2cm

H/4+1cm

그림 100 **기본 바지 (뒤, 완성선)**

※ **앞판 원형을 활용**

① **뒤중심선 그리기** : e에서 1cm 들어간 지점(p), i에서 2.5cm 들어간 지점(q)과 밑위선에서 2cm 내린 지점(r)까지 직선 연결한다.

② **뒤샅둘레선 그리기**

- 뒤샅폭(r-s) : H/8-3.5cm 또는 앞샅폭(e'-f)+5cm
- p-s를 연결하는 곡선을 그린다.

tip 뒤중심선 기울기(i에서 2.5cm 들어간 지점) 더 주어 직각선을 그리면 뒤샅둘레가 자연스럽게 길어지며 편안한 바지가 된다. 체형에 따라 기울기를 다르게 해야 한다.

③ **뒤허리선 그리기 1** : 뒤중심선(q-r)의 직각이 되며 W/4+다트량(=4cm) 치수로 앞판 허리선의 연장선과 만나는 지점(u)의 직각선을 그린다.

④ t-v : 엉덩이길이

⑤ v-v' : H/4+1cm

⑥ **바지부리**(w-w') : 앞판 바지부리선보다 1.3cm씩 더 크게 한다(k-w, k'-w').

⑦ **밑아래선 그리기** : w지점과 m에서 1.3cm 나간 지점(x)과 직선 연결 한 후 x-s를 연결하는 곡선을 그린다.

⑧ **옆선 그리기**

- w'지점과 m'에서 1.3cm 나간 지점(x')와 직선 연결한 후 x'-v'를 연결하는 곡선을 그린다.
- u-v'를 연결하는 곡선을 그린다.

⑨ **허리다트 그리기**

- 허리선을 이등분한 후 뒤중심선쪽으로 1.3cm 이동하여 다트중심선을 그린다.
- 다트량 : 4cm
- 다트길이 : 11.5cm

⑩ **뒤허리선 그리기 2** : t, u에서 1.3cm 내린 지점을 직선 연결한다.

⑪ **허리밴드폭** : 4cm

8-2 정장 바지

다트가 있는 정장 바지

(1) 앞판 제도 − 기초선

① a−b : 바지길이

② a−c : 엉덩이길이

③ a−d : 밑위길이 또는 H/4+1.5cm

④ c−e : H/1.2cm

⑤ **앞샅폭**(e'−f) : H/24+1cm 또는 5cm

⑥ **앞주름선** : d−f를 이등분한 지점(g)에서 허리선에서 밑단까지 수직선을 그린다(g'−g")

⑦ **무릎길이**(a−h) : g−g"를 이등분한 후 5cm 올린 지점 또는 g에서 30cm를 내린 지점

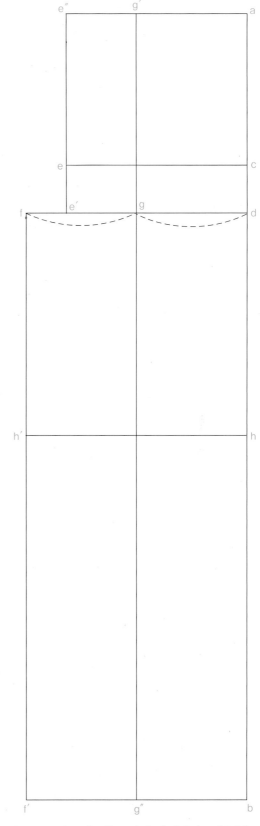

그림 101 **다트가 있는 정장 바지 (앞, 기초선)**

(2) 앞판 제도 – 완성선

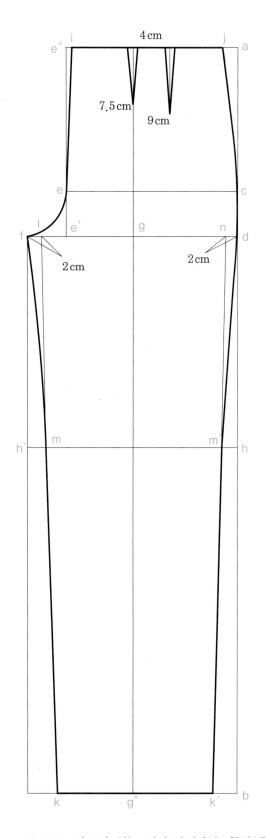

① e″에서 1cm 들어간 지점(i)과 e지점을 직선 연결한다.

② 앞샅선(e-f)을 연결하는 곡선을 그린다.

③ i-j : W/4+여유량(=0.5cm)+다트량(=2cm)

④ **바지부리**(k-k′) : 21.5cm

⑤ 밑아래선 그리기

- f에서 2cm 들어간 지점(l)과 k를 직선 연결한다.
- m과 f를 연결하는 곡선을 그린다.

⑥ 옆선 그리기

- d에서 2cm 들어간 지점(n)과 k′를 직선 연결한다.
- m′-d를 연결하는 곡선을 그린다.
- j-c를 곡선 연결한 후 m′-d를 잇는 자연스러운 곡선을 그린다.

⑦ 허리다트 그리기

- 중심다트 – 다트량 : 1.25cm
  　　　　　　다트길이 : 7.5cm
- 중심다트에서 4cm 떨어져 옆선다트를 그린다.
- 옆선다트 – 다트량 : 1.25cm
  　　　　　　다트길이 : 9cm

그림 102 **다트가 있는 정장 바지 (앞, 완성선)**

(3) 뒤판 제도 – 완성선

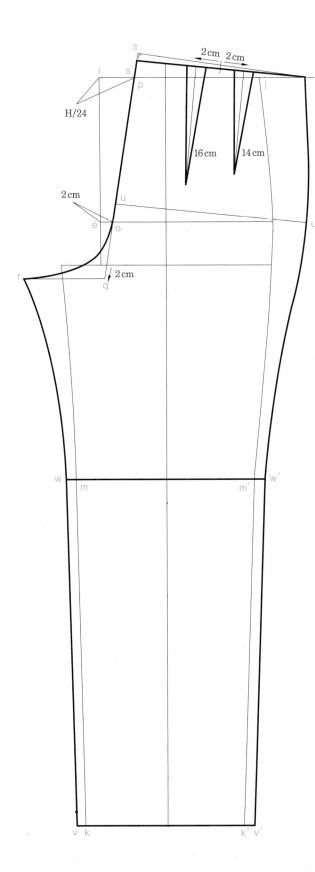

그림 103 다트가 있는 정장 바지 (뒤, 완성선)

※ 앞판 원형을 활용

① **뒤중심선 그리기** : e에서 2cm 들어간 지점 (o), i에서 H/24 들어간 지점(p)과 밑위선에서 2cm 내린 지점(q) 까지 직선 연결한다.

② **뒤샅둘레선 그리기**

- 뒤샅폭(q–r) : H/8–1cm
- o–r를 연결하는 곡선을 그린다.

tip 뒤샅폭과 기울기는 엉덩이 체형에 따라 조절한다.

③ **뒤허리선 그리기 1** : 뒤중심선(p–q)의 직각이 되며 W/4+다트량(=5cm) 치수로 앞판 허리선의 연장선과 만나는 지점(t)의 직각선을 그린다.

④ s–s' : 1.3cm

⑤ s'–u : 엉덩이길이

⑥ u–u' : H/4+1.2cm

⑦ **바지부리**(v–v') : 앞판 바지부리선보다 1.3cm씩 더 크게 한다(k–v, k'–v').

⑧ **밑아래선 그리기**

v지점과 m에서 1.3cm 나간 지점(w)과 직선 연결한 후 w–r를 연결하는 곡선을 그린다.

⑨ **옆선 그리기**

v'지점과 m'에서 1.3cm 나간 지점(w)과 직선 연결한 후 w'–u'를 연결하는 곡선을 그린다. t–u'를 연결하는 곡선을 그린다.

⑩ **허리다트 그리기**

- 허리선을 이등분한 후 양쪽으로 2cm씩 가서 다트를 그린다.
- 중심다트 – 다트량 : 2.5cm, 다트길이 : 16cm
- 옆선다트 – 다트량 : 2.5cm, 다트길이 : 14cm

주름이 있는 정장 바지

(1) 앞판 제도

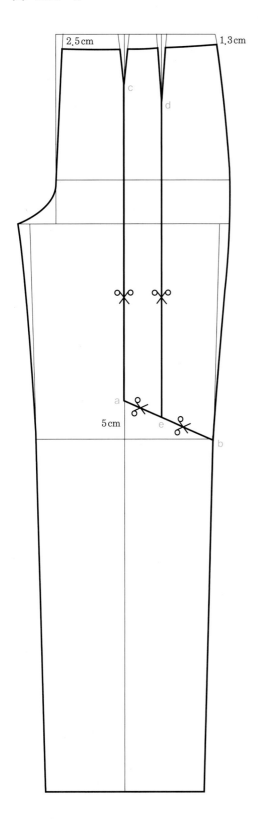

그림 104 **주름이 있는 정장 바지 (1단계)**

※ **다트가 있는 정장 바지 원형을 활용 (그림 102)**

〈1 단계〉

① **허리선 수정** : 중심선에서 2.5cm, 옆선에서는 1.3cm 내려 골반허리선을 그린다.

② **주름선 그리기**

- 무릎선에서 5cm 올라간 지점(a)과 옆선쪽 무릎선 지점(b)을 연결하는 직선을 그린다.
- 옆선다트끝점(d)과 a-b선까지 수직선을 그린다(e).

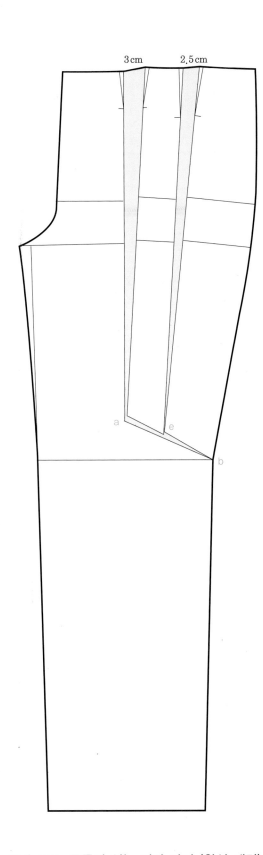

그림 105 **주름이 있는 정장 바지 (완성 패턴)**

〈완성 패턴〉

〈앞〉

① 중심주름분 3cm, 옆선주름분 2.5cm 만큼 그림
   처럼 벌려준다.
② 주름분을 접어 허리선을 정리한다.

〈뒤〉

• **허리선 수정** : 중심선, 옆선에서 1.3cm 내려 골
   반허리선을 그린다.

8-3 골반 바지

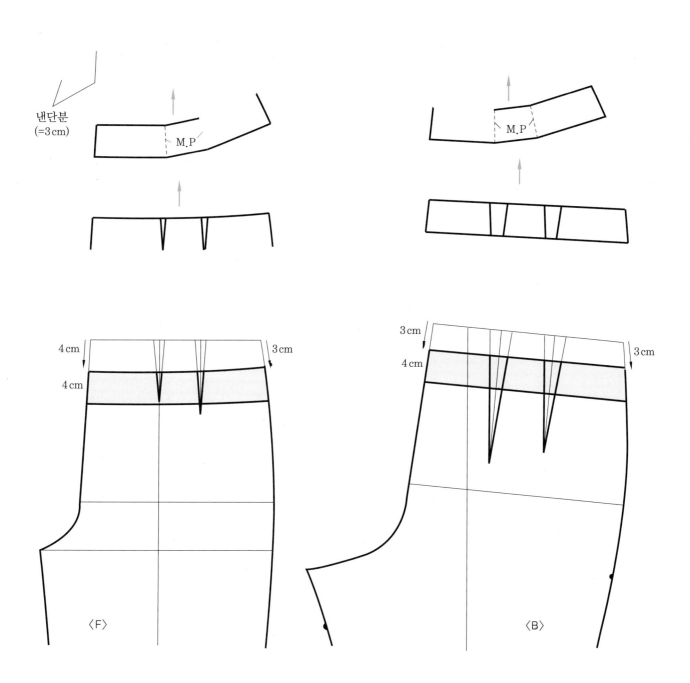

그림 106 **골반 바지**

※ 다트가 있는 정장 바지 원형을 활용 (그림 102, 103)

① 허리선 수정

- 〈앞〉 중심선에서 4cm, 옆선에서는 3cm 내려 골반허리선을 그린다.
- 〈뒤〉 중심선, 옆선에서 3cm 내려 골반허리선을 그린다.

② 허리밴드 폭 : 4cm

③ 허리밴드 수정

- 다트를 접은 후 각진 부분을 그림과 같이 수정한다.
- 앞중심선에서 낸단분 3cm를 그림과 같이 준다.

8-4 반바지

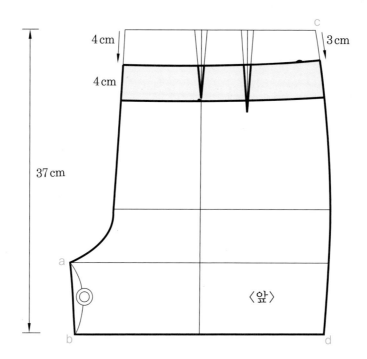

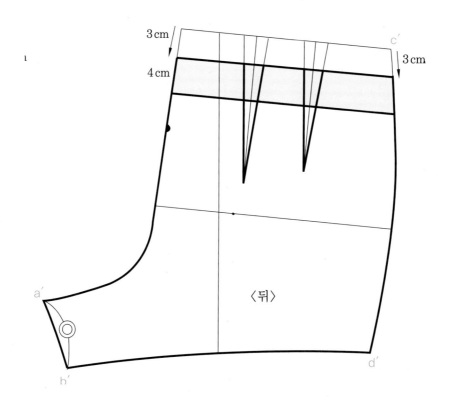

그림 107 **반바지 1**

※ 다트가 있는 정장 바지 원형을 활용 (그림 102, 103)

〈1 단계〉

〈 앞 〉 반바지길이 : 37cm

〈 뒤 〉

① **뒤판 밑아래선길이**(a'-b') : 앞판 밑아래선길이(a-b)와 같은 치수

② **뒤판 옆선길이**(c'-d') : 앞판 옆선길이(c-d)와 같은 치수

③ **허리선 수정**
   〈앞〉 중심선에서 4cm, 옆선에서는 3cm 내려 골반허리선을 그린다.
   〈뒤〉 중심선, 옆선에서 3cm 내려 골반허리선을 그린다.

④ **허리밴드 폭** : 4cm

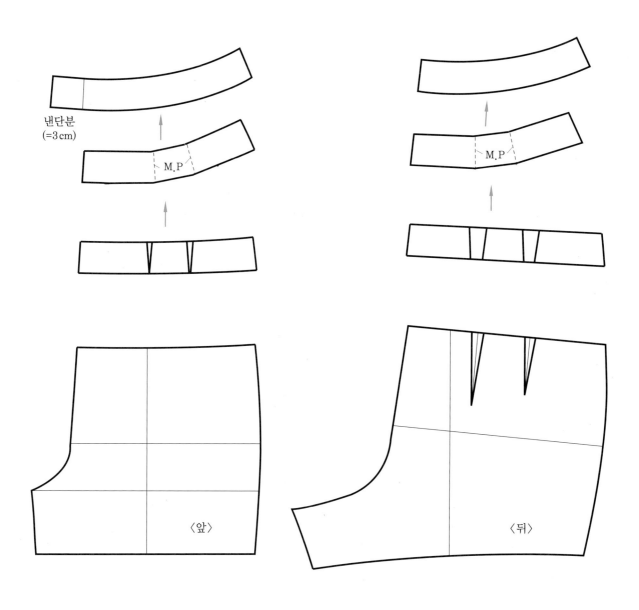

내단분
(=3 cm)

M.P

M.P

〈앞〉

〈뒤〉

그림 108 **반바지 2**

※ 다트가 있는 정장 바지 원형을 활용 (그림 102, 103)

〈2 단계〉

허리밴드 수정

• 다트를 접은 후 각진 부분을 그림과 같이 수정한다.

• 앞중심선에서 내단분 3cm를 그림과 같이 준다.

8-5 레깅스

(1) 앞판 제도

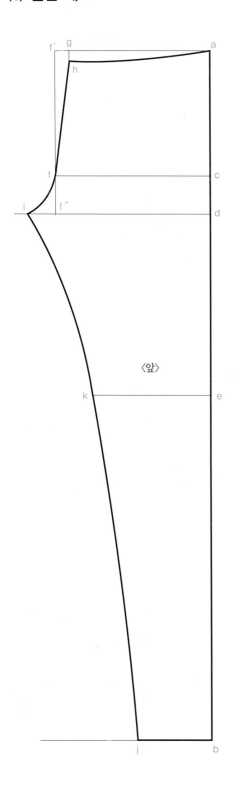

그림 109 **레깅스 (앞)**

① a-b : 바지길이(=91cm)

② a-c : 엉덩이길이-1.5cm

③ c-d : 7cm

④ 무릎선(d-e) : 24cm

⑤ c-f : H/4-2cm

⑥ **앞중심선 그리기**

- f'에서 1.2cm 들어간 지점(g)에서 2cm 내려간 지점(h)

- h-f를 직선 연결한다.

⑦ **앞샅폭**(f″-i) : H/24-1cm

앞샅선(f-i)을 연결하는 곡선을 그린다.

⑧ a-h를 연결하는 허리선을 그린다.

⑨ **바지부리**(b-j) : 10cm

⑩ **밑아래선 그리기** : e에서 16cm 나간 지점(k)과 j를 직선 연결 한 후 k와 f를 연결하는 곡선을 그린다.

(2) 뒤판 제도

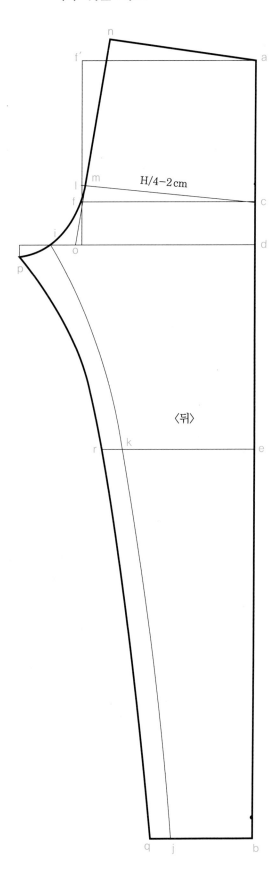

H/4-2cm

〈뒤〉

※ 앞판 원형을 활용

① f에서 2cm 올려가 c와 연결하는 엉덩이둘레선
   의 안내선을 그린다.

② c-m : H/4-2cm

③ **허리선, 뒤중심선 그리기** : a지점에서 W/4 치
   수(n)이면서 m과 만나는 직각선을 밑위선까지
   그린다. 이 때 뒤판 엉덩이길이(n-m)는 엉덩이길
   이-0.5cm 길이로 한다.

④ **뒤샅둘레선 그리기**

   i에서 H/24 간 후 직각으로 1.2cm 내려간다(p).
   n-o선과 p를 연결하는 곡선을 그린다.

⑤ **바지부리**(b-q) : 앞판 바지부리선보다 2.5cm
   더 크게 한다.

⑥ **밑아래선 그리기** : q지점과 k에서 2.5cm 나간
   지점(r)과 직선 연결 한 후 r-p를 연결하는 곡선
   을 그린다.

> **tip** 레깅스 바지는 소재의 신축성이나 fit에 따라 앞뒤
> 샅폭을 조절해 준다.

그림 110 레깅스 (뒤)

기 타

9-1 점프 슈트 (Suit)

(1) 몸판 제도 − 뒤판

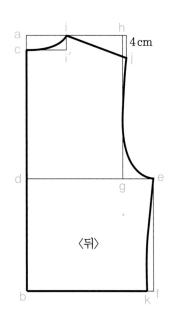

그림 111 **점프 슈트 (뒤판 상의)**

① a : 시작점

② a-b : 뒷길이

③ b-c : 등길이

④ **진동깊이**(c-d) : B/4

⑤ d-e, e-f : d에서 B/4 만큼 간(e) 후, 수직선
(f)을 밑단선까지 그린다.

⑥ d-g, g-h : d에서 뒤품/2 만큼 간(g) 후, 수직
선(h)을 그린다.

⑦ a-i : a에서 B/12 만큼 간(i) 후, c와 연결하는
뒤목둘레선을 그린다.

⑧ **어깨 그리기** : a에서 어깨너비/2 만큼 간 후,
직각선으로 4cm 내려간 지점과 i를 직선 연결한
어깨선을 그린다.

⑨ **진동둘레선 그리기** : j-뒤품선-e 를 연결하는
진동둘레선을 그린다.

⑩ b-k : W/4+5cm

⑪ e-k를 연결하는 옆선을 그린다.

(2) 몸판 제도 – 앞판

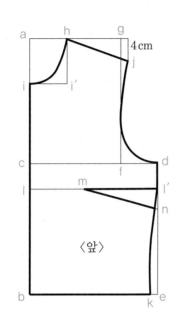

그림 112 **점프 슈트 (앞판 상의)**

① a : 시작점

② a–b : 앞길이

③ **진동깊이**(a–c) : B/4

④ c–d, d–e : c에서 Br/4 만큼 간(d) 후, 수직선
(e)을 밑단선까지 그린다.

⑤ c–f, f–g : c에서 앞품/2 만큼 간(f) 후, 수직
선(g)을 그린다.

⑥ **앞목둘레선 그리기**

a–h : B/12–0.5cm

a–i : B/12

h–i를 연결하는 앞목둘레선을 그린다.

⑦ **어깨 그리기** : a에서 어깨너비/2 만큼 간 후,
직각선으로 4cm 내려간 지점과 j를 직선 연결하
는 어깨선을 그린다.

⑧ **진동둘레선 그리기** : j–뒤품선–d를 연결하는
진동둘레선을 그린다.

⑨ b–k : W/4+5cm

⑩ d–k를 연결하는 옆선을 그린다.

⑪ **옆다트 그리기**

• a에서 유장 치수만큼 내린 지점(l)에서 수평
선을 그린다(l–l').

• l–m : 유폭/2

• 옆다트량(l'–n) : 앞길이와 등길이의 차

⑫ 옆다트를 접어 옆선을 수정한다.

(3) 앞판 제도 – 완성선

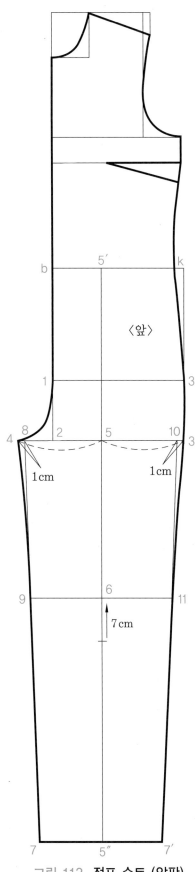

그림 113 **점프 슈트 (앞판)**

※ **앞판 상의 원형을 활용 (그림 112)**

① b-1 : 엉덩이길이

② 1-2 : 10cm

③ 1-3 : 1에서 H/4+2cm 만큼 간(3) 후, 수직선을 그린다.

④ **앞샅폭**(2-4) : H/24+3cm

⑤ 1-4를 연결하는 앞샅선을 그린다.

⑥ **앞주름선** : 3'-4를 이등분한 지점(5)에서 수직신을 그린다.

⑦ 5'-5" : 바지길이

⑧ **무릎길이**(5-6): 5-5"를 이등분한 후 7cm 올라간 위치

⑨ **바지부리**(7-7') : 23cm

⑩ **밑아래선 그리기**

• 4에서 1cm 들어간 지점(8)과 7을 직선 연결한다.

• 9와 4를 연결하는 곡선을 그린다.

⑪ **옆선 그리기**

• 3'에서 1cm 들어간 지점(10)과 7'를 직선 연결한다.

• 11-3'를 연결하는 곡선을 그린다.

• k-3을 곡선 연결한 후 11-3'을 잇는 자연스러운 곡선을 그린다.

(4) 뒤판 제도 – 완성선

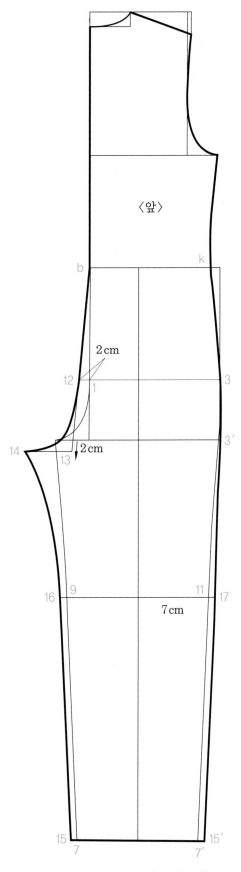

〈앞〉

2 cm

2 cm

7 cm

그림 114 점프 슈트 (뒤판)

※ 뒤판 원형을 활용 (그림 111)

① **뒤중심선 그리기** : 1에서 2cm 나간 지점(12)과 b를 직선 연결하여 밑위선에서 2cm 내린 지점(13)까지 직선 연결한다.

② **뒤살둘레선 그리기**
- 뒤샅폭(13-14) : H/8 + 2.5cm
- 12-14를 연결하는 곡선을 그린다.

③ **바지부리**(15-15') : 앞판 바지부리선보다 1.3cm 씩 더 크게 한다(7-15, 7'-15').

④ **밑아래선 그리기** : 15지점과 9에서 1.3cm 나간 지점(16)과 직선 연결한 후 16-14를 연결하는 곡선을 그린다.

⑤ **옆선 그리기**
- 15'지점과 11에서 1.3cm 나간 지점(17)과 직선 연결한 후 17-3'를 연결하는 곡선을 그린다.
- k-3을 곡선 연결한 후 17-3'을 잇는 자연스러운 곡선을 그린다.

9-2 수영복

(1) 뒤판 제도

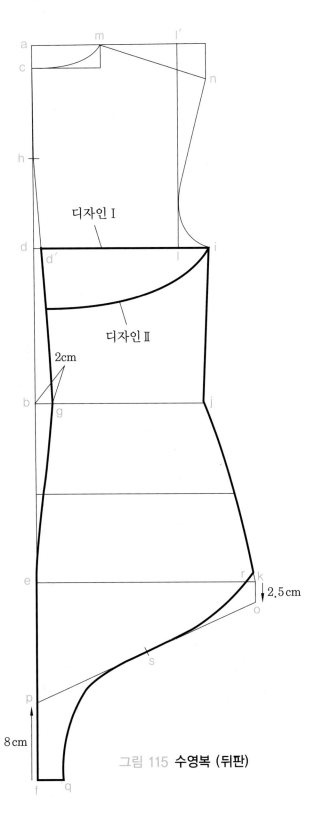

그림 115 **수영복 (뒤판)**

① a : 시작점

② a-b : 뒷길이-2.5cm

③ b-c : 등길이-2.5cm

④ **진동깊이**(c-d) : B/4-2.5cm

⑤ b-e : 엉덩이길이

⑥ e-f : 21cm

⑦ **뒤중심선 그리기**
  - b-g : b에서 2cm 들어간(g) 후, e지점과 곡선 연결한다.
  - h : 진동깊이(c-d)를 이등분한 점
  - h-g를 직선 연결한 후, 각진 부분을 곡선처리 한다.

⑧ d'-i : B/4-5.5cm

⑨ g-j : W/4-1cm

⑩ e-k : H/4-0.5cm

⑪ i-j-k를 연결하는 옆선을 그린다.

⑫ d-l, l-l' : d에서 뒤품/2-1cm 만큼 간(l) 후, 수직선(l')을 그린다.

⑬ a-m : a에서 B/12 만큼 간(m) 후 c와 연결하는 뒤목둘레선을 그린다.

⑭ **어깨 그리기** : a에서 어깨너비/2 만큼 간 후, 직각선으로 4cm 내려간 지점과 n을 직선 연결한 어깨선을 그린다.

⑮ **진동둘레선 그리기** : n-뒤품선-i를 연결하는 진동둘레선을 그린다.

⑯ **밑단선 그리기**
  - k-o : 2.5cm(디자인에 따라 위로 더 올릴 수도 있다.)
  - f에서 8cm 올라간 지점(p)과 o지점을 직선 연결한다.
  - f-q : 2.5cm
  - k-r : 0.5cm
  - s : o-p를 이등분한 점
  - r-s-q를 연결하는 곡선을 그린다.

⑰ 디자인에 따라 디자인 I, 디자인 II 등의 선을 그린다.

(2) 앞판제도

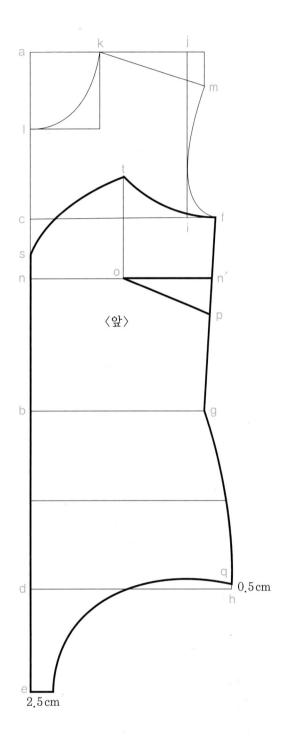

그림 116 **수영복 (앞판)**

① a : 시작점

② a-b : 앞길이-2.5cm

③ **진동깊이**(a-c) : B/4-3.5cm

④ b-d : 엉덩이길이

⑤ d-e : 11cm

⑥ c-f : B/4-3.5cm

⑦ g-j : W/4+1.2cm

⑧ e-k : H/4-1cm

⑨ f-g-h를 연결하는 옆선을 그린다.

⑩ c-i, i-j : c에서 앞품/2-1.5cm 만큼 간(i) 후, 수직선(j)을 그린다.

⑪ **앞목둘레선 그리기**

  • a-k : B/12

  • a-l : B/12+1cm

  • k-l을 연결하는 앞목둘레선을 그린다.

⑫ **어깨 그리기** : a에서 어깨너비/2 만큼 간 후 직각선으로 4cm 내려간 지점과 m을 직선 연결한 어깨선을 그린다.

⑬ **진동둘레선 그리기** : m-뒤품선-f를 연결하는 진동둘레선을 그린다.

⑭ **옆다트 그리기**

  • a에서 유장 치수만큼 내린 지점(n)에서 수평선을 그린다(n-n').

  • n-o : 유폭/2

  • 옆다트량(n'-p) : 앞길이와 등길이의 차

⑮ h-q : 0.5cm

⑯ e-r : 2.5cm

⑰ r-q를 연결하는 곡선을 그린다.

⑱ c-s : 4cm

⑲ o-t : 유폭/2+1cm

⑳ s-t-f를 연결하는 곡선을 그린다.

9-3 팬 티

(1) 뒤판 제도

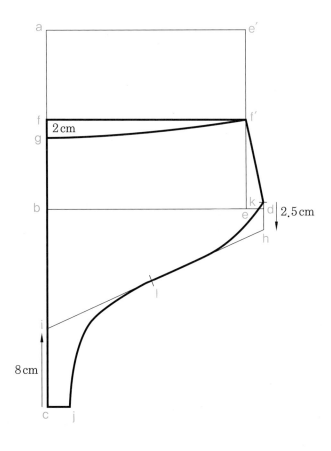

그림 117 **팬티 (뒤판)**

① a−b : 엉덩이길이

② b−c : 21cm

③ b−d : H/4

④ d에서 2cm 들어간(e)간 후, 수직선(e′)을 그린다.

⑤ f−f′ : a−b의 이등분(f)한 후 수평선을 그린다(f′).

⑥ **허리선 그리기**

• f−g : f에서 2cm 내린(g) 후 f′지점과 곡선을 그린다.

⑦ **밑단선 그리기**

• d−h : 2.5cm

• c에서 8cm 올라간 지점(i)과 h지점을 직선 연결한다.

• c−j : 2.5cm

• d−k : 0.5cm

• l : h−i를 이등분한 점

• k−i−j를 연결하는 곡선을 그린다.

⑧ f′−k를 잇는 옆선 곡선을 그린다.

(2) 앞판 제도

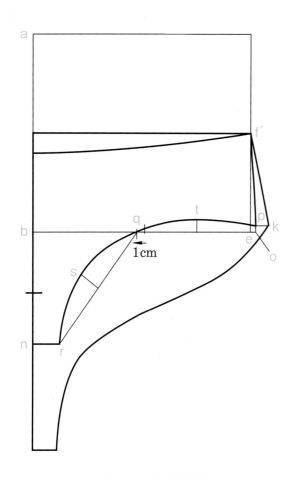

그림 118 **팬티 (앞판)**

※ **뒤판 원형을 활용 (그림 111)**

① b−n : 11cm

② n−r : 2.5cm

③ 밑단선 그리기

- p : 앞판 e에서 0.5cm 나가고(o), 수직으로 0.5cm 올라간 지점
- q : b−o를 이등분한 후 중심쪽으로 1cm 간 지점
- s : q−r를 이등분한 후 2cm 올라간 지점
- r−s−q를 잇는 곡선을 그린다.
- t : q−o를 이등분한 후, 1cm 올라간 지점
- q−t−p를 잇는 곡선을 그린다.

④ f'−p를 잇는 옆선 곡선을 그린다.

부록

현장용어

현장 용어

인체 측정 및 사이즈

번호	현장 용어	한자, 일어	영 어	국 어
1	고시 (코시)	腰 - こし	waist	허리
2	마에가다 (마에카타)	前肩 まえかた	rounded shoulder	앞어깨
3	사가리 (사가리카타)	下がり肩 さがりかた	sloping shouler	처진어깨
4	시리	尻 しり	hip	엉덩이
5	시리	尻 しり	crotch length	밑위솔기
6	아가리 (아가리카타)	上肩 , あがりがだ	square shoulder	솟은어깨
7	에리구리	衿 - えりぐり	neck base line	목밑둘레선

제품 부위 명칭

번호	현장 용어	한자, 일어	영 어	국 어
8	가다 (가타)	肩 - かた	shoulder	어깨
9	가다마이 (카타마에)	片前 - かたまえ	single breasted jacket	싱글 재킷 , 싱글 여밈
10	가자리	飾り かざり	decorative	장식적인
11	갠볼 (겐보로)	劍,劍ボロ,見ボロ,けんボロ	shirts sleeve placket	셔츠소매트임
12	고마데 (코마타)	小股 - こまた	crotch	살
13	고시 (코시)	腰 - こし	stiffness	빳빳함
14	고시우라 (코시우라)		waist band lining	허리안감
15	구찌 (구치)	口	opening	(소매 , 바지) 부리
16	나나인치 (나나이치)	七種 - なないち	shirts button hole	셔츠단추구멍
17	나시	無し	no-sleeve	민소매
18	네무리아나	眠り穴	shirt button hole	장식단추구멍
19	타마부치	玉緣 - たまぶち	bias binding, piping	감싼시접
20	다이바		facing tack	안단 연결 감
21	단작 (탄작쿠)	短册 - たんざく	placket	덧단반트임
22	댕고 (텐쿠)	天狗	fly front	플라이 프론트
23	댕고우라	天狗 うら	fly front lining	플라이프론트안감

	제품 부위 명칭			
번호	현장 용어	한자, 일어	영 어	국 어
24	료마이 (료마에)	兩前 － りょまえ	double breasted jacket	더블재킷
25	마다가미 (마타가미)	股上	body rise	밑위길이
26	마다시다 (마타시타, 인심)	股下 － またした	inseam	바지 밑 아래 솔기
27	재킷	前 － まえ	jacket	재킷
28	마에다대 (마에다테)	前立て － まえたて	placket	덧단 온 트임
29	마까대 (무코우누노)	向こう布	pocket facing, pocket piece	주머니맞은천
30	미까시 (마카에시)	見返し	facing	안단
31	반우라	半裏	patial lining	부분안감
32	비죠 (비죠우)	尾錠 びじょう	tab	탭
33	사이바 (사이바라)	細腹ら － さいばら	side panel	옆길
34	소대 (소데)	袖 － そご	sleeve	소매
35	소대구리 (소데구리)	袖ぐり, そでぐり	arm hole line	소매둘레
36	소대꾸찌 (소데구치)	袖口 － そでぐち	sleeve hem	소맷부리
37	소대나시 (소데나시)	袖なし, 袖無し, そでなし	no-sleeve	민소매
38	소데우라	袖裏 － そでうら	sleeve lining	소매안감
39	수소 (스소)	裾 すそ	hem	단
40	시다마이 (시다마에)	下前 － したまえ	under front	안자락
41	아대 (아테누노)	當布 － あてぬの	applied patch, reinforcing patch	보강천
42	에리	衿 － えり	collar	칼라
43	에리고시 (에리코시)	衿腰 － えりこし	collar stand	칼라 스탠드분
44	오비	帯 － おび	waist band	허리벨트
45	와끼 (와키)	脇 － わき	side seam	옆솔기
46	와끼포켓 (와키포켓)	脇ポケット	side seam pocket	옆솔기주머니
47	요코에리	横襟 よこえり		가로깃
48	우와마이 (우와마에)	上前 － うわまえ	upper front	겉자락
49	우와에리	上衿 － うわえり	top collar	겉칼라
50	지에리	地衿 － じえり	under collar	안칼라

	제품 부위 명칭			
번호	현장 용어	한자, 일어	영 어	국 어
50	지에리	地衿 – じえり	under collar	안칼라
51	치카라 버튼	力ボタン	back button	밑단추
52	카부라	鏑	turn-up cuffs	바지접단
53	큐큐 (하토메아나)	鳩目穴 – はどめあな	tailored buttonhole, key hole	재킷단추구멍
54	하도매 (하도메)	鳩目 – はとめ	eyelet	아일렛
55	하코 (하코포켓)	箱ポケット, はこポケット	chest pocket, upturned flap pocket	상자주머니
56	후다 (후타)	札 , 蓋 – ふた	flap pocket	뚜껑 (주머니)
57	히요꼬	飛 (比) 翼	fly top	덮단 , 숨은 단추집

	부자재			
번호	현장 용어	한자, 일어	영 어	국 어
58	게싱 (게징)	毛芯 , げじん	wool canvas, hair cloth	모심
59	깡 (깐 , 칸)	鐶かん	buckle	버클
60	노비도메 테이프	伸び止めテープ	stay tape, keeping tape	늘어남방지테이프
61	다테테이프 (타테테이프)	たてテープ	lengthwise tape	식서 테이프
62	마에깡 (마이캉)	前かん – まえかん	hook & bar	큰걸고리
63	마쿠라지	枕地 – まくらじ	sleeve heading	소매산덧심
64	싱		interfacing	심
65	아나이도 (아나이토)	穴絲 – あないと	button hole thread	단춧구멍실
66	우라 (우라지)	裏 (地) – うらじ	lining	안감
67	지누이도			장식스티치사 (굵은견사)
68	카기호크	かぎホック	hook and eye	걸고리
69	혼솔지퍼		conceal zipper, invisible zipper	콘실지퍼

		검품 (원단)		
번호	현장 용어	한자, 일어	영 어	국 어
70	기스 (기즈)	傷 - きず	defect	흠
71	기지	生地 - きじ	fabric	천
72	다데시마 (타테지마)	縱縞	stripe	줄무늬
73	다이마루	台 (臺) 丸	circular knit	환편물
74	다후타 (타후타)	タフタ	taffeta	태피터
75	덴싱 (덴센)	傳線	ladder	올풀림
76	마키	卷き - まき	roll	두루마리 , 롤
77	미미지 (미미)	耳地 - みみ	selvage	식서
78	사까 (사카)	逆 - さか		반대결
79	시마	縞 - しま	stripe	줄무늬
80	시와	しわ	wrinckle	구김
81	쎄무	セーム -	suede	스웨이드
82	오모테	表 - おもてじ	right side of fabric	(천의) 겉쪽
83	요꼬 (요코)	橫 - よこ	crosswise	위사
84	요꼬시마 (요코시마)	橫縞 - よこしま	crosswise line	가로 줄무늬

		검품 (제품)		
번호	현장 용어	한자, 일어	영 어	국 어
85	스와리	座リ , すねリ		놓임새
86	아다리 (아타리)	あた (當) リ	press mark	다림질자국
87	찐빠 (친빠)	跛 - ちんぱ	difference	짝짝이
88	히까리 (히카리)	光リ - ひかリ	shining	번들거림
89	뛴땀 (뜀땀)		skipped stitch, floating stitch	

번호	현장 용어	한자, 일어	영어	국어
		패 턴		
90	가다 (가타)	型	shape	형태
91	가다쿠세 (카타쿠세)	肩癖 - かたくせ		어깨오그림
92	나마꼬 (나마코)	なまこ	hip curve	힙곡자
93	데끼패턴	來き上がり , パータン	master pattern	완성패턴
94	뒤시리		back crotch length	뒤밑위길이
95	마에사가리	前下がり		앞처짐
96	상견	上肩	sqaure shoulder	솟은어깨
97	소대야마 (소데야마)	袖山 - そでやま	sleeve cap	소매산
98	소데하바	袖幅 - そではば	sleeve breadth	소매너비
99	스소마와리	裾回リ		단둘레
100	쓰리지까이 (쓰리지가이)	摩リ違い		교차수정
101	앞시리		front crotch length	앞밑위길이
102	유토리	ゆとリ	allowance, ease	여유분
103	이세		ease	오그림분
104	킹쿠세 (킨구세)	きんぐせ		살 줄임

번호	현장 용어	한자, 일어	영어	국어
		생산 (스티치 및 심)		
105	가가리 (가타)	かがりぬい	over handing stitch	감침질
106	가시바리 (카에시바리)	返針 - かえしばり	fastening stitch	되돌려박기
107	가자리 (카자리) 스티치	飾リ	top stitch	장식스티치
108	간도메 (칸도메)	かんとめ	bar tacking	끝막음박기
109	기리미 (기리지츠케)	切リ仕っけ - きりじつけ	tailored tack	실표뜨기
110	도매 (토메)	止め	fixing	끝맺음박기
111	미쯔마끼 (미쯔마키)	三つ巻き	rolled hem	말아박기
112	세빠	切羽	lapel hole	장식단추구멍
113	수소누이 (스소누이)	裾縫 い , すそぬい		밑단박기
114	시츠케	しつけ	basting	시침질
115	에리가자리	襟飾リ , えりかざり	collar stitch	칼라상침
116	오또시미싱 (오토시미싱)	落しミシン	crack stitch	숨은상침
117	오바로쿠 (오버록크)	オーバーロツク	overlock stitch	오버록
118	와리미싱	割ミシン , わりミシン		쌍줄솔
119	지도리 (가케 , 치도리)	千鳥 - じどリ	catch stitch	새발뜨기
120	하찌사시 (하치사시)		padding stitch	팔자누비
121	호시 (호시누이)	星縫い	prick stitch	한올박음질
122	후세누이	伏 縫い , ふせぬい	mock flat felt seam	

번호	현장 용어	한자, 일어	영 어	국 어
		생산 (생산 공정)		
123	고다찌 (코다치)	小 (個) 裁ち	knife cutting, hand cutting, fine cutting	정밀재단
124	고로시 (코로시)	殺し , ころし	forming, shaping	자리잡음
125	쿠세	癖 , くせ		군주룸 , 턱
126	기레빠시 (키레바시)	切れ端 - きればし	scrap, non cuttied fabric	자투리천
127	기리카이 (기리카에, 키리카에)	切替え - きりかえ	cut out (line)	천바꾸기 , 절개선
128	기리꼬미 (키리코미)	きりこみ	clipping	가위집
129	나라시	均し - ならし	spreading	연단
130	나오시	直し - なおし	repair	수정
131	나찌 (노치)	ノッチ	notch	가위집 , 맞춤표시
132	네지키 (오리야마센)	寝敷き - ねじき (扮り山線)	trousers crease	바지주름선 , 바지접힘선
133	노바스 (노바시)	伸ばし , 伸長 - のばし	stretch	늘림
134	누이	縫い	stitch	박음질
135	다대 (타테)	縦 - たて	lengthwise	식서방향
136	다찌 (타치)	裁ち - たち	cutting	재단 , 마름질
137	다찌나오시 (타치나오시)	裁ち直し	recutting - out	재마름질
138	마도매 (마토메)	纏め - まとめ	sewing finishing	봉제마무리
139	삔바리 (핀바리)	ピン針	pin cushion	핀쿠션
140	사시		side quilting	가장자리포개박기
141	사시꼬미 (사시코미)	さしこみ , 差み		끼워넣어마킹
142	시루시	印 - しるし	position marking	위치표시
143	시리누이		seat seam	바지뒤솔기박기
144	시마이	終い , しまい	finishing	끝냄
145	시보리	絞り - しぼり	rib, knit ribbed band	고무뜨기
146	시아게	仕上げ , しあげ	iron finishing	다림질마무리
147	오모데 (오모테)	表 - おもて	face	겉
148	우라가에 (우라가에시)	裏返し , うらがえし	turning	뒤집기
149	자고 (쵸크)	ちゃこ	chalk	초크
150	조시 (쵸우시)	調子 - ちょうし	condition	박음상태
151	지나오시, 스폰징	地直し , じなおし	sponging	올바로잡기
152	지노메 (지노메센)	地の目 (線), じのめ (せん)	grain line	올방향
153	지누시	じぬし	shrinkage	축임질
154	지누이	地縫い - じぬい	sewing	본봉
155	쿠세도리 (쿠세토리)	癖取り , くせとり	deformation	형태잡기
156	하기	接ぎ , はぎ		이어마름질
157	하미다시	食み出し - はみだし	cord piping	파이핑
158	헤리	縁 , ヘリ	bias binding	바이어스치기
159	호시	乾し - ほし		건조

| \multicolumn{5}{c}{생산 (봉제기기 및 도구)} |||||
번호	현장 용어	한자, 일어	영 어	국 어
160	가마 (카마)		rotating hook	로터리훅
161	가위루빠 삼봉미싱		cover stitch machine	편평봉 재봉기
162	가자리미싱 (카자리미싱)	飾リミシン, かざりミシン	stitch machine	장식재봉기
163	나라시다이	均し臺 - ならしだい		연단대
164	니혼바리 미싱	二本針飾り縫いミシン	2-needle ornamental stitching machine	쌍침봉 재봉기
165	니혼오바록 미싱		mock safety stitch machine	유사 안전봉 재봉기
166	다이	台, 臺 - だい		작업대
167	데스망 (테츠망)		iron buck	철다림대
168	덴빵 (텐빙)	天枰	take up lever, balance	저울
169	랍빠		folder	폴더보조기
170	루빠		looper	밑실걸이, 루퍼
171	미싱	ミシン	sewing machine	재봉기
172	본봉		lock stitch machine	본봉 재봉기
173	뺑뺑이	鳩目穴かがリミシン	eyelet buttonholing	아일렛 단추구멍기
174	삼봉미싱		cover seaming stitch machine	편평봉 재봉기
175	소매달이 미싱	袖付けポスト型ミシン	post bed sleeve attaching machine	포스트형 소매 달이기
176	스쿠이 미싱	すくいミシン	blind stitch sewing	블라인드 스티치 재봉기
177	시아게다이		iron board	다림질판
178	쌍침	二本針本縫いミシン	2-needle lockstitch machine	쌍침본봉 재봉기
179	오바록 미싱	オーバーロックミシン	overedge stitch machine	오버록 재봉기
180	우마	馬 - うま	press stand, iron buck	말판
181	웰팅기	自動玉緣作リ	automatic welting machine	자동입술 봉합기
182	이도끼리 (이토키리)	絲切リ	thread cutting	실절단기
183	이도마끼 (이토마키)		bobbin	북
184	인타록 미싱	インターロックミシン	safety stitch machine	안전봉 재봉기
185	지도리 미싱 (치도리미싱)	本縫い千鳥ミシン	lockstitch zig zag sewing machine	본봉 지그재그 재봉기
186	진다이 (바디)	人台, 人台 - じんだい	dress form, dummy	의류생상용보디
187	체인미싱	二重環縫いミシン	double chain stitch machine	2 중 환봉 재봉기
188	칼 본봉	メス付き本縫いミシン	edge trimming sewing machine	칼 본봉 재봉기
189	하기	接ぎ, はぎ		샅바대

	생산 (봉제기기 및 도구)			
번호	현장 용어	한자, 일어	영 어	국 어
190	가기바리 (카기바리)	鉤針 - かぎばり	crochet needle, crochet hook	코바늘
191	가타아제	片あぜ	half cardigan	
192	기리가에가라 (키리카에패턴)	切り替え柄	border strip	
193	녹오버캠	ノックオーバーカム	knock-over cam	
194	다떼아미 (다테아미)	經編	warp knitting	
195	단후리	段振り	racking with one bed	
196	가기바리 (카기바리)	鉤針 - かぎばり	crochet needle, crochet hook	코바늘
197	가정기	家庭機	hand knitting machine	가정용편기
198	가타아제	片あぜ	half cardigan	하프카디건
199	녹오버캠	ノックオーバーカム	knock-over cam	녹오버캠
200	다떼아미 (다테아미)	經編	warp knitting	경편
201	단후리	段振り	racking with one bed	
202	데아미 (테아미)	手編み	hand knitting	수편
203	데아미카바 (테아미카바)	手編みカバー	hand knitting cover	
204	라벤	ラーベン	rahben	라벤
205	라셀아미	ラッセル編み	raschel	라셀
206	레이스편	レース編み	lace stitches	레이스편
207	로 게이지	ローゲージ	low gauge (course gauge)	로 게이지
208	료우아제	兩あぜ	full cardigan	풀카디건
209	루즈속스	ルーズ・ソックス	loose socks	
210	리브	リブ	rib stitches	고무편
211	리브아미속스	リブ編み・ソックス	rib socks	
212	링스가라	リンクス柄	links jacquard	
213	링킹 (사시)	リンキング	linking	링킹
214	마루아미	丸編	circular knitting	환편
215	메사시스티치	目刺しステッチ	hand stitch	
216	메쉬가라	メッシュ柄	mesh pattern	메쉬무늬
217	메우쯔시패턴	目移し柄	transfer stitches	
218	밀라노리브	ミラノ・リブ	milano rib	밀라노리브

	생산 (봉제기기 및 도구)			
번호	현장 용어	한자, 일어	영 어	국 어
219	밀라니즈	ミラニーズ	milanese	밀라니즈
220	백호소아미	バック細編み	reverse single crochet	
221	보스가라 (보스패턴)	ボス柄	boss pattern	보스패턴
222	소우바리	総針	all needles	
223	스므스	スムース	smooth, double rib	
224	스파이랄가라	スパイラル柄	spiral pattern	나선무늬
225	아란니트	アランニット	aran knit	아란니트
226	아미조직	編み組織	knitting structure	편성구조
227	아미지	編み地	knitting fabric	편포
228	아와세네리 (합연)	合わせ撚り	plying twist	합연
229	아이렛편기	アイレット編 (機)	eyelet knitting	아이렛편
230	야후리	矢振リ	racking with two bed	
231	양두 (링스 앤 링스)	兩頭(リンクス＆リンクス)	links & links	
232	양면아제	兩面あぜ	double full cardigan	더블풀카디건
233	요꼬아미 (요코아미)	横編	flat knitting	횡편
234	아도(사)로스꼬미(모찌가가리)	糸ロス込み （持ちかかり)	gross weight	총중량
235	이아미	緯編	weft knitting	위편
236	이중우수 (훗도꼬)	二重うす (ひょっとこ)	plated	
237	인테그랄니트	インテダラルニツト	integral knit	인테그랄니트
238	천축	天竺	plain stitches	평편
239	천축 이환	天竺裏目	reverse stitches	
240	천축도찡아이	天竺度違い	plain stitch with different stitch density	
241	카우친 스웨터	カウチンセーター	cowichan sweater	카우친 스웨터
242	카타부쿠로아미	片袋編み	half milano	하프밀라노
243	컷 앤 소우	カット ＆ ソー	cut & sew	컷 앤 소우
244	턱	タック	tuck stitches	턱편
245	턱크가라	タック柄	tuck stitches	턱편
246	튜블러니트	チューブラーニット	tubular knit	원형편

	생산 (봉제기기 및 도구)			
번호	현장 용어	한자, 일어	영 어	국 어
247	트리코트아미	トリコット編み	tricot	트리코
248	패셔닝	フフツショニング	fully fashion	성형
249	페어아일	フェア · アイル	fairaile sweater	페어아일스웨터
250	풀가멘트	フル · カ-メント	full garment knitting	풀가멘트
251	풀패션아미	フル · アァッション編み	fully fashioned knitting	풀패션편
252	프레서오일	プレッサ-ホイル	presser wheel	니트용기계
253	플로트	フロ-ト	float	플로트
254	피콧	ピコット	picot	피코
255	하리누끼 (하리누키)	針抜き	welt stitches	웰트편
256	하리다떼 (하리다테)	針立て	selected rib	
257	하이게이지	ハイゲ-ジ	high gauge (fine gauge)	하이게이지
258	하프트리코트	ハ～フトリコツト	half tricot	하프트리코
259	호소아미	細編み	single crochet	
260	홀가멘트	ホ-ル · カ-メント	whole garment machine	홀가먼트편기
261	후꾸로링킹 (후쿠로링킹)	袋リンキング	tubular linking	
262	후라이스	フライス	circular rib	원형리브
263	후리패턴	振り柄	racked rib	
264	히끼소로에 (히키소로에)	ひき揃え	plying	
265	히라아미속스	平編み · ソックス	plain knitting socks	평편양말

〈http://sizekorea.ats.go.kr, '의류용어표준화 (2005)' 인용 〉

패턴메이킹

2014년 1월 10일 인쇄
2014년 1월 15일 발행

저자 : 배주형 · 장효웅
펴낸이 : 이정일

펴낸곳 : 도서출판 **일진사**
www.iljinsa.com

140-896 서울시 용산구 효창원로 64길 6
대표전화 : 704-1616, 팩스 : 715-3536
등록번호 : 제1979-000009호(1979.4.2)

값 18,000원

ISBN : 978-89-429-1358-9